交换代数引论

(第二版)

唐忠明　编著

科　学　出　版　社

北　京

内 容 简 介

本书在第一版的基础上增加了与代数几何和组合数学相交叉的内容.

本书在本科抽象代数课程的基础上讲述了交换代数的基本的也是重要的 Hilbert 基定理、 Hilbert 零点定理、理想的准素分解、相伴素理想、维数、重复度、正则环和正规环等内容. 同时, 对应地讨论了代数集的基本性质、代数集的分解和维数、代数簇的非奇异性和正规性等. 还讨论了组合交换代数的基本内容.

本书可作为本科生或研究生的交换代数和代数几何课程的入门教材或参考书.

图书在版编目(CIP)数据

交换代数引论/唐忠明编著. —2 版.—北京: 科学出版社, 2015.5
ISBN 978-7-03-044163-8
Ⅰ.交… Ⅱ. 唐… Ⅲ. 交换环-高等学校-教材 Ⅳ. O187.3
中国版本图书馆 CIP 数据核字(2015) 第 082020 号

责任编辑: 刘俊来 姚莉丽 / 责任校对: 邹慧卿
责任印制: 赵 博 / 封面设计: 陈 敬

科学出版社 出版
北京东黄城根北街 16 号
邮政编码: 100717
http://www.sciencep.com

三河市骏杰印刷有限公司印刷
科学出版社发行 各地新华书店经销
*
2009 年 8 月第 一 版 开本: 720 × 1000 1/16
2015 年 5 月第 二 版 印张: 8 3/4
2025 年 7 月第九次印刷 字数: 207 000

定价: 39.00 元

第二版前言

本书自第一版出版以来, 许多读者提出了宝贵的意见. 在这期间, 作者也一直在思考如何秉承第一版的“在最小的篇幅中展示最多的交换代数的内容”的宗旨, 在第二版中进一步完善作为交换代数教科书或教学参考书所应具备的内容. 希望本版能得到读者的认可. 正如在第一版的前言中所述, 交换代数是代数几何的基础, 同时在组合数学中有新的应用. 我们在第二版中强化了这两方面的内容, 增加了正规代数簇及与之有关的交换代数的整性的内容; 还增加了组合交换代数的基础内容. 这些内容的加入使本书作为交换代数的入门书, 内容更加全面和完整.

尽管作者做了一些努力, 但本书仍有许多不足之处, 敬请读者提出更多的宝贵意见.

唐忠明

2015 年 2 月

第一版前言

交换代数与代数几何的关系被类比于微积分与微分几何的关系. 现代概形上的代数几何都是以交换代数为基础的, 交换代数是学习代数几何的必经之路. 交换代数的重要性还不仅于此, 交换代数也与代数数论有着密切的联系. 当然, 交换代数作为研究交换环及其理想的理论有着自身的重要意义. 另一方面, 近年来, 因交换代数在组合数学中的应用而产生了组合交换代数, 这为交换代数带来了新的活力.

交换代数的经典之作无疑是 M.F.Atiyah 和 I.G.MacDonald 的*Introduction to Commutative Algebra* 及 H.Matsumura 的*Commutative Algebra*. 作者正是从学习这两本书进入交换代数研究领域的. 在编写本书时, 作者试图处理好两个问题：一是怎样以尽量小的篇幅讲述交换代数的基本内容, 这里需要特别注意的是如何避开或尽量少用同调代数的知识, 因为若加入同调代数的内容, 势必篇幅太长且冲淡主题; 二是怎样把交换代数的看似抽象的内容赋予几何意义, 因为交换代数中的内容在代数几何中都是有深刻的几何背景的.

作者研究交换代数多年, 根据自己对交换代数的理解, 选择编排了本书的内容. 在本科抽象代数课程内容的基础上, 补充少量的同调代数的知识, 讲述了交换代数的最基本的内容. 在讲解交换代数的概念时, 我们把代数几何中与之相关的概念对应起来讨论. 例如, 把理想的准素分解与代数集的分解相对应, 把交换环的维数与代数集的维数相对应, 把局部环的重复度与代数曲线上的点的重复度相对应. 通过这样的对比讨论, 把几何的背景引了进来, 不仅有利于对交换代数概念的理解, 而且也使读者接触了代数几何中的一些基本概念, 为进一步学习代数几何打下一点基础.

本书可作为本科生或研究生的每周 3 课时的一学期选修课的教材或参考书.

限于作者的水平，本书一定会有许多不足之处，敬请读者提出宝贵意见.

唐忠明

2009 年 2 月于苏州大学

目　录

预备知识

下面的抽象代数的基本知识是阅读本书时所必备的.

G 称为一个**群**, 如果 G 是一个非空集合且 G 上有一个适合结合律的代数运算 "$\cdot$" 满足: G 中含有单位元, 即存在 $e \in G$, 使得对任意 $a \in G$ 都有 $a \cdot e = e \cdot a = a$, 而且 G 中每个元素都有逆元, 即对任意 $a \in G$, 存在 $b \in G$, 使得 $a \cdot b = b \cdot a = e$. 运算适合交换律的群称为**Abel 群或交换群**, Abel 群的运算通常写成加法. 群的同态基本定理是一个十分重要的定理.

环 R 是具有加法 "$+$" 和乘法 "$\cdot$" 两个代数运算的一个非空集合且 R 关于加法 "$+$" 构成一个 Abel 群, 乘法 "$\cdot$" 适合结合律且乘法对加法适合分配律. 乘法适合交换律的环称为**交换环**.

设 F 是一个至少含有两个元素的有单位元的交换环, 如果 F 中的每个非零元都有乘法逆元, 则称 F 为一个**域**. 如果域 F 没有真正的代数扩域, 等价于 F 上的每个次数大于零的多项式在 F 中都有一个根, 则称 F 为一个**代数闭域**. 例如, 复数域 $\mathbb{C}$ 就是一个代数闭域.

交换代数中所讨论的环都是有单位元的交换环. 域 F 上的一元多项式环 $F[X]$ 的性质将经常被用到.

模可以看成是环上的向量空间. 设 R 是一个有单位元 1 的环, $(M, +)$ 是一个 Abel 群, 如果存在一个映射

$$\begin{aligned} R \times M &\rightarrow M, \\ (r, m) &\mapsto r \cdot m, \end{aligned}$$

使得对任意 $r, s \in R$, $m, m' \in M$ 都有

(1) $r \cdot (m + m') = r \cdot m + r \cdot m'$;

(2) $(r + s) \cdot m = r \cdot m + s \cdot m$;

(3) $r \cdot (s \cdot m) = (rs) \cdot m$;

(4) $1 \cdot m = m$,

则称 M 为一个 R **模**, 有基的模称为**自由模**. 模的同态基本定理同样也是一个十分重要的定理 (文献 [1]).

假设 R 是一个有单位元的交换环.

设 I, J 是 R 的理想, 令

$$I : J = \{a \in R \mid aJ \subseteq I\},$$

则 $I : J$ 是 R 的一个理想, 称为**商理想**. 容易看出, 下列性质成立:

(1) $I \subseteq I : J$;

(2) $(I : J) : K = I : JK = (I : K) : J$;

(3) $\left(\bigcap\limits_{i=1}^{n} I_i\right) : J = \bigcap\limits_{i=1}^{n} (I_i : J)$.

注意到, 若 J 只是 R 的一个子集, 则类似地可定义 $I : J$, 它也是 R 的一个理想. 记 $I : \{a\}$ 为 $I : a$.

设 S 是一个环, 当 S 也是一个 R 模时, 称 S 为一个 R **代数**. 进一步地, 如果存在有限多个元素 $a_1, \cdots, a_n \in S$, 使得对任意 $a \in S$ 都有某个 $f(X_1, \cdots, X_n) \in R[X_1, \cdots, X_n]$ 使

$$a = f(a_1, \cdots, a_n),$$

则称 S 为一个有限生成的 R 代数. 注意到, S 是一个有限生成的 R 代数当且仅当有一个下列形式的环满同态:

$$R[X_1, \cdots, X_n] \to S.$$

当 R 是 S 的子环时, 这也等价于存在 $a_1, \cdots, a_n \in S$ 使得 $S = R[a_1, \cdots, a_n]$.

设 M 是一个 R 模, 令

$$\mathrm{Ann}_R(M) = \{a \in R \mid aM = 0\},$$

对任意 $m \in M$, 令

$$\mathrm{Ann}_R(m) = \{a \in R \mid am = 0\},$$

则 $\mathrm{Ann}_R(M)$ 和 $\mathrm{Ann}_R(m)$ 都是 R 的理想, 分别称为 M 和 m 的**零化子**.

再来讨论 R 的两个重要的理想 —— 小根和大根, 大根也称为 Jacobson 根. R 的下列理想 $j(R)$ 称为 R 的**小根**:

$$j(R) = \{a \in R \mid \text{存在某个 } n > 0 \text{ 使得 } a^n = 0\},$$

也就是说, 小根是由幂零元组成的集合.

命题

$$j(R) = \bigcap_{\mathfrak{p} \text{ 为 } R \text{ 的素理想}} \mathfrak{p}.$$

证明 设 $\mathfrak{p}$ 是 R 的任意一个素理想, 则由 $a^n=0\in\mathfrak{p}$, 即得 $a\in\mathfrak{p}$, 从而 $j(R)\subseteq\mathfrak{p}$. 为证明

$$\bigcap_{\mathfrak{p}\text{ 为 }R\text{ 的素理想}}\mathfrak{p}\subseteq j(R),$$

只需对任意非幂零元 a, 找出素理想 $\mathfrak{p}$ 使得 $a\notin\mathfrak{p}$, 即对任意 $n>0$ 都有 $a^n\notin\mathfrak{p}$. 令

$$\mathcal{S}=\{I\mid I\text{ 为 }R\text{ 的理想且对任意 }n>0\text{ 都有 }a^n\notin I\}.$$

显然零理想 $0\in\mathcal{S}$, 故 $\mathcal{S}$ 非空. 容易验证, $\mathcal{S}$ 关于集合的包含关系所构成的偏序集满足 Zorn 引理的条件. 所以, 根据 Zorn 引理, $\mathcal{S}$ 含有极大元. 设 $\mathfrak{p}$ 是 $\mathcal{S}$ 的一个极大元, 我们来证明 $\mathfrak{p}$ 是 R 的一个素理想. 用反证法, 如若不然, 则有 $\alpha,\beta\notin\mathfrak{p}$ 使 $\alpha\beta\in\mathfrak{p}$. 于是

$$\mathfrak{p}\subsetneq\mathfrak{p}+(\alpha),\quad\mathfrak{p}\subsetneq\mathfrak{p}+(\beta).$$

由 $\mathfrak{p}$ 的极大性知 $\mathfrak{p}+(\alpha),\mathfrak{p}+(\beta)\notin\mathcal{S}$, 故有 $m,n>0$ 使得 $a^n\in\mathfrak{p}+(\alpha),a^m\in\mathfrak{p}+(\beta)$, 由此即得 $a^{n+m}\in\mathfrak{p}+(\alpha\beta)=\mathfrak{p}$, 这与 $\mathfrak{p}\in\mathcal{S}$ 相矛盾. 所以 $\mathfrak{p}$ 是 R 的一个素理想. 命题得证. □

对 R 的任意理想 I, 令

$$\sqrt{I}=\{a\in R\mid\text{存在某个 }n>0\text{ 使得 }a^n\in I\},$$

称为 I **的根**. 容易验证 $\sqrt{I}$ 是 R 的一个理想且类似于上面的命题, 可以证明 (留作习题):

$$\sqrt{I}=\bigcap_{\mathfrak{p}\supseteq I\text{ 为 }R\text{ 的素理想}}\mathfrak{p}.$$

R 的所有素理想组成的集合记为 $\mathrm{Spec}(R)$, 称为 R 的**素谱**.

R 的所有极大理想的交是 R 的一个理想, 称为 R 的 Jacobson **根**, 记为 $J(R)$. 注意到, 若 $a\in J(R)$, 则 $1-a$ 是 R 中的可逆元, 这是因为, 若 $1-a$ 不可逆, 则 $1-a$ 一定属于某个极大理想 $\mathfrak{m}$, 而 $a\in\mathfrak{m}$, 因而 $1\in\mathfrak{m}$, 矛盾. 显然 $j(R)\subseteq J(R)$.

如果 R 含有唯一的极大理想 $\mathfrak{m}$, 则称 R 为**局部环**, 记为 $(R,\mathfrak{m})$, 有时也记为 $(R,\mathfrak{m},k)$, 其中 $k=R/\mathfrak{m}$ 是一个域, 称之为 R 的剩余类域. 注意到, 若 $(R,\mathfrak{m})$ 是局部环, 则 $\mathfrak{m}$ 恰由 R 的所有非可逆元组成 (留作习题).

下面的两个称为引理的著名结论是很重要的.

Nakayama 引理 设 M 是一个有限生成的 R 模, I 是 R 的理想. 若 $I\subseteq J(R)$ 使得 $IM=M$, 则 $M=0$.

证明 设 $M=(m_1,\cdots,m_n)$. 不妨设 $m_1,\cdots,m_n$ 是 M 的个数最少的生成元组, 即极小生成元组. 假设 $M\neq 0$, 则 $n>0$. 由 $IM=M$ 知 $m_n\in IM$, 于是

$$m_n=a_1m_1+\cdots+a_nm_n,\quad a_i\in I,i=1,\cdots,n.$$

从而 $(1-a_n)m_n = a_1m_1 + \cdots + a_{n-1}m_{n-1}$. 由于 $I \subseteq J(R)$, 故 $1-a_n$ 是可逆元, 所以 $m_n \in (m_1, \cdots, m_{n-1})$, 从而 $M = (m_1, \cdots, m_{n-1})$, 这与 n 的极小性相矛盾. 所以 $M = 0$. □

推论　设 M 是有限生成的 R 模, $I \subseteq J(R)$ 是 R 的一个理想, N 是 M 的一个子模. 如果 $M = IM + N$, 则 $M = N$.

证明　令 $\overline{M} = M/N$, 则由 $M = IM + N$ 得 $I\overline{M} = (IM+N)/N = \overline{M}$. 从而由 Nakayama 引理得 $\overline{M} = 0$, 故 $M = N$. □

我们知道, 若 $I_1, \cdots, I_n$ 是 R 的理想, $\mathfrak{p}$ 是 R 的素理想使得 $\mathfrak{p} \supseteq \bigcap\limits_{i=1}^{n} I_i$, 则有 $\mathfrak{p} \supseteq I_1 \cdots I_n$, 从而存在 k 使得 $\mathfrak{p} \supseteq I_k$, 于是, 若 $\mathfrak{p} = \bigcap\limits_{i=1}^{n} I_i$, 则存在 k 使得 $\mathfrak{p} = I_k$. 下面的回避引理可以认为是这一结论的对偶形式.

回避引理　设 $\mathfrak{p}_1, \cdots, \mathfrak{p}_n$ 是 R 的素理想, I 是 R 的一个理想. 如果

$$I \subseteq \bigcup_{i=1}^{n} \mathfrak{p}_i,$$

则存在 k 使得 $I \subseteq \mathfrak{p}_k$.

证明　对 n 用归纳法. 当 $n = 1$ 时, 结论显然成立.

假设 $n > 1$ 且结论对 $n-1$ 成立. 若存在 $i_1, \cdots, i_{n-1} \in \{1, 2, \cdots, n\}$ 使得 $I \subseteq \bigcup\limits_{j=1}^{n-1} \mathfrak{p}_{i_j}$, 则由归纳假设即得结论. 下面假设对 $i = 1, 2, \cdots, n$ 都有 $I \not\subseteq \bigcup\limits_{j \neq i} \mathfrak{p}_j$, 我们来得出矛盾. 取 $a_i \in I \setminus \bigcup\limits_{j \neq i} \mathfrak{p}_j$, $i = 1, 2, \cdots, n$. 注意到, 由 $I \subseteq \bigcup\limits_{i=1}^{n} \mathfrak{p}_i$ 知 $a_i \in \mathfrak{p}_i$. 令

$$a = \sum_{i=1}^{n} a_1 \cdots a_{i-1} a_{i+1} \cdots a_n,$$

则 $a \in I$, 但是 $a \notin \bigcup\limits_{i=1}^{n} \mathfrak{p}_i$, 这是因为对 $k = 1, \cdots, n$, 由于 $a_1 \cdots a_{k-1} a_{k+1} \cdots a_n \notin \mathfrak{p}_k$, 而对 $i \neq k$ 都有 $a_1 \cdots a_{i-1} a_{i+1} \cdots a_n \in \mathfrak{p}_k$, 所以 $\sum\limits_{i=1}^{n} a_1 \cdots a_{i-1} a_{i+1} \cdots a_n \notin \mathfrak{p}_k$. 于是 $I \not\subseteq \bigcup\limits_{i=1}^{n} \mathfrak{p}_i$, 矛盾. 引理得证. □

习　题

1. 设 $(R, \mathfrak{m})$ 是一个局部环, 证明 $\mathfrak{m}$ 恰由 R 的所有非可逆元组成.

2. 设 R 是有单位元的交换环, 假设 R 的所有非可逆元组成的集合构成 R 的一个理想, 证明 R 是一个局部环.

3. 设 I, J 是 R 的理想, 证明:

(1) $\sqrt{\sqrt{I}}=\sqrt{I}$;

(2) $\sqrt{IJ}=\sqrt{I\cap J}=\sqrt{I}\cap\sqrt{J}$;

(3) $\sqrt{I+J}=\sqrt{\sqrt{I}+\sqrt{J}}$.

4. 设 R 是有单位元的交换环, I 是 R 的一个真理想, 证明:

$$\sqrt{I}=\bigcap_{\mathfrak{p}\supseteq I\text{ 为 }R\text{ 的素理想}}\mathfrak{p}.$$

5. 设 $\mathfrak{p}$ 是素理想, 证明: 对任意 $n>0$ 都有 $\sqrt{\mathfrak{p}^n}=\mathfrak{p}$.

6. 设 I 是真理想, 证明: $I=\sqrt{I}$ 当且仅当 I 是一些素理想的交.

7. 证明: 代数闭域一定是无限域.

8. 设 R 是有单位元的交换环, R 的两个理想 I 和 J 称为互素的, 如果 $I+J=R$, 设 $I_1,\cdots,I_n$ 是两两互素的理想, 证明:

$$I_1\cdots I_n=I_1\cap\cdots\cap I_n$$

且有同构

$$R/I_1\cdots I_n\cong R/I_1\times\cdots\times R/I_n.$$

9. 设 M 是一个模, K 和 N 是 M 的两个子模. 假设 $K+N$ 和 $K\cap N$ 都是有限生成的, 证明: K 和 N 也是有限生成的.

第 1 章　多元多项式环与代数集

代数曲线是特殊的代数集, 而代数集是一些多元多项式的公共零点. 在本章中, 我们先来讨论多元多项式环和代数集的基本性质. 代数曲线或一般的代数集是我们展开的交换代数理论的几何背景. 随着后面的交换代数理论的逐步深入, 我们对代数曲线及一般的代数集的认识也将进一步深化.

1.1　多元多项式环

假设 F 是一个域, F 可以是实数域 $\mathbb{R}$, 复数域 $\mathbb{C}$, 也可以是有限域 $\mathbb{F}_q$. 令 $F[X_1,\cdots,X_n]$ 是 F 上 n 个不定元 $X_1,\cdots,X_n$ 的多元多项式环. 我们知道, 唯一分解整环上的 (一元) 多项式环仍是唯一分解整环, 由此即得 $F[X_1,\cdots,X_n]$ 是唯一分解整环. 从而 $F[X_1,\cdots,X_n]$ 中的任意一个非零多项式 $f(X_1,\cdots,X_n)$ 都可以分解成一些不可约多项式的乘积的形式:

$$f = cf_1^{r_1}\cdots f_s^{r_s},$$

其中 $c\in F$, $f_1,\cdots,f_s\in F[X_1,\cdots,X_n]$ 是互不相同的首项系数为 1 的不可约多项式, $r_1,\cdots,r_s$ 是正整数, 而且, 这样的表达式在相差 $f_1,\cdots,f_s$ 的顺序意义下是唯一确定的.

由于 $F[X_1,\cdots,X_n]$ 是整环, 我们可以构作 $F[X_1,\cdots,X_n]$ 的分式域, $F[X_1,\cdots,X_n]$ 的分式域记为 $F(X_1,\cdots,X_n)$, 于是

$$F(X_1,\cdots,X_n)=\left\{\frac{f}{g}\mid f,g\in F[X_1,\cdots,X_n],g\neq 0\right\}.$$

先来看 $F[X_1,\cdots,X_n]$ 的一些简单性质.

命题 1.1　对任意 $\{i_1,\cdots,i_r\}\subset\{1,2,\cdots,n\}$, $(X_{i_1},\cdots,X_{i_r})$ 是 $F[X_1,\cdots,X_n]$ 的素理想.

证明　令 $\{1,2,\cdots,n\}\setminus\{i_1,\cdots,i_r\}=\{j_1,\cdots,j_{n-r}\}$. 由于

$$F[X_1,\cdots,X_n]/(X_{i_1},\cdots,X_{i_r})\cong F[X_{j_1},\cdots,X_{j_{n-r}}]$$

是一个整环, 所以 $(X_{i_1},\cdots,X_{i_r})$ 是 $F[X_1,\cdots,X_n]$ 的素理想. □

命题 1.2 设 $f \in F[X_1, \cdots, X_n]$ 是非零多项式, 则

$$f\text{是不可约多项式} \Leftrightarrow (f)\text{是 } F[X_1, \cdots, X_n] \text{ 的素理想}.$$

证明 “$\Leftarrow$”假设 f 是可约的, 则 $f = f_1 f_2$, 其中 $\deg(f_i) < \deg(f), i = 1, 2$. 于是 $f_1, f_2 \notin (f)$ 但 $f_1 f_2 \in (f)$, 所以 (f) 不是素理想, 矛盾. 因而 f 是不可约多项式.

“$\Rightarrow$”设 $g_1, g_2 \in F[X_1, \cdots, X_n]$ 使 $g_1 g_2 \in (f)$, 则 $f \mid g_1 g_2$, 而 f 是不可约的, 所以 $f \mid g_1$ 或者 $f \mid g_2$, 即 $g_1 \in (f)$ 或者 $g_2 \in (f)$. 因而 (f) 是素理想. □

后面还将得到 $F[X_1, \cdots, X_n]$ 的一些进一步的性质, 这些性质对研究代数曲线及一般的代数集有重要意义.

1.2 代数曲线

我们见过许多曲线, 有平面曲线, 也有空间曲线. 所谓代数曲线, 简单地说就是用多项式方程表示的曲线. 对 $F[X, Y]$ 中的一个多项式 $f(X, Y)$, 由方程 $f(X, Y) = 0$ 给出的曲线就是 XY 平面上的代数曲线.

来看几个实平面上的代数曲线的例子.

例 1.1 方程 $X^2 + Y^2 - 1 = 0$ 给出的代数曲线是一个半径为 1 的圆, 见图 1.1.

例 1.2 方程 $Y^2 - XY - X^2Y + X^3 = 0$ 给出的代数曲线见图 1.2.

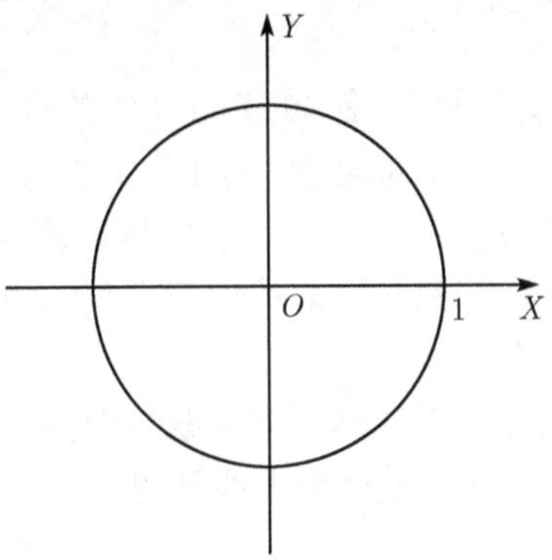

图 1.1

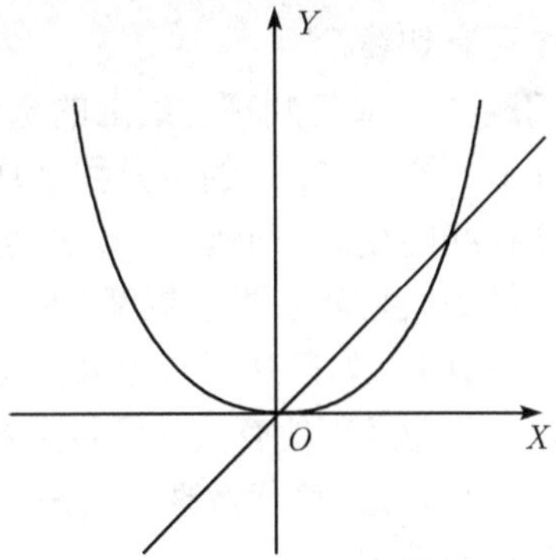

图 1.2

例 1.3 方程 $Y^2 - X^3 - X^2 = 0$ 给出的代数曲线见图 1.3.

例 1.4 方程 $(X^2 + Y^2)^2 + 3X^2Y - Y^3 = 0$ 给出的代数曲线见图 1.4.

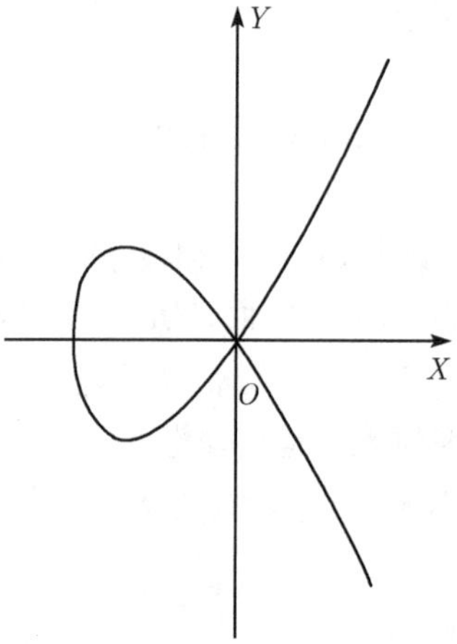

图 1.3

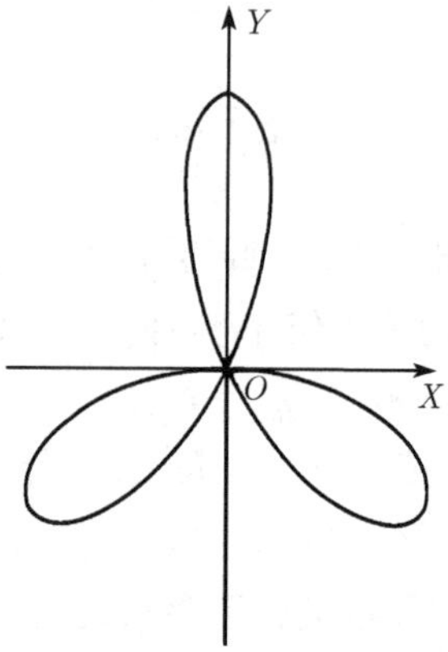

图 1.4

考察上面的代数曲线的例子, 我们发现下列几个问题值得讨论:

问题 1　如何分解曲线. 注意到, 例 1.2 中的曲线是两条曲线叠加起来的, 我们只要分别研究这两条曲线就可以了. 如何从曲线的定义方程来得出曲线的 (几何) 分解呢? 对例 1.2 中的具体曲线来说, 这问题是简单的, 这是因为, $Y^2 - XY - X^2Y + X^3 = (Y - X)(Y - X^2)$, 而方程 $Y - X = 0$ 给出的曲线是图中的直线, 方程 $Y - X^2 = 0$ 给出的曲线是图中的抛物线. 但是, 一般的分解问题如何解决呢?

问题 2　如何判别曲线在一点是否有切线, 即在这点是否非奇异或光滑的. 例如, 例 1.1 中的曲线上的每一点都是非奇异的, 而例 1.3 中的点 $(0,0)$ 和例 1.4 中的点 $(0,0)$ 都是奇异点, 即没有切线. 如何从曲线在某点附近的性质来判断曲线在这一点是否有切线?

问题 3　如何判别曲线上的奇异点的"奇异"程度. 例如, 例 1.3 中的点 $(0,0)$ 和例 1.4 中的点 $(0,0)$ 的奇异程度是不一样的, 因为局部地看, 例 1.3 中的点 $(0,0)$ 是两条曲线的交点, 而例 1.4 中的点 $(0,0)$ 是三条曲线的交点, 即它们的"重复度"是不一样的. 注意到, "重复度"是一个局部性质, 即只与这点的无穷小邻域中的曲线的形状有关. 如何从代数上来讨论"重复度"?

以上问题及其他有关问题将是本书讨论的重点, 对这些几何问题我们将采用代数的方法来讨论. 这代数理论就是交换代数, 交换代数是代数曲线及更一般的代数几何理论的基础.

1.3　代　数　集

在 1.2 节中, 我们看到, XY 平面上由方程 $f(X,Y) = 0$ 给出的代数曲线就是

集合 $\{(a,b) \mid f(a,b)=0\}$, 即由 $f(X,Y)$ 的所有零点构成的集合. 现在, 我们来讨论一般的情形.

令 $F^n=\{(a_1,\cdots,a_n) \mid a_i \in F, i=1,\cdots,n\}$, 即 F^n 是 F 上的所有 n 维向量构成的集合. 对任意 $f \in F[X_1,\cdots,X_n]$, 用 $V(f)$ 表示 f 的所有零点构成的集合, 即

$$V(f)=\{(a_1,\cdots,a_n) \in F^n \mid f(a_1,\cdots,a_n)=0\},$$

则平面代数曲线可表示成 $V(f)$, 其中 $f \in F[X_1,X_2]$.

一般地, 设 I 是 $F[X_1,\cdots,X_n]$ 的一个理想, 令

$$V(I)=\{(a_1,\cdots,a_n) \mid f(a_1,\cdots,a_n)=0, \forall\, f \in I\},$$

即 $V(I)$ 是 I 中的多项式的公共零点构成的集合. 更一般地, 设 S 是 $F[X_1,\cdots,X_n]$ 的一个子集, 令 $V(S)$ 是 S 中的多项式的公共零点构成的集合. 易见, 若令 I 是由 S 生成的理想, 则 $V(S)=V(I)$.

对 $P=(a_1,\cdots,a_n) \in F^n, f \in F[X_1,\cdots,X_n]$, 令 $f(P)=f(a_1,\cdots,a_n)$.

定义 1.1 F^n 中的形如 $V(I)$ 的子集称为**代数集**, 其中 I 为 $F[X_1,\cdots,X_n]$ 的理想.

定理 1.1 代数集具有下列性质:

(1) 若 $I \subseteq J$, 则 $V(J) \subseteq V(I)$;

(2) $V(IJ)=V(I \cap J)=V(I) \cup V(J)$;

(3) $V\left(\sum\limits_{i \in S} I_i\right)=\bigcap\limits_{i \in S} V(I_i)$;

(4) $V(F[X_1,\cdots,X_n])=\varnothing$;

(5) $V(0)=F^n$.

证明 (1) 显然.

(2) 由 (1) 即得 $V(I) \cup V(J) \subseteq V(I \cap J) \subseteq V(IJ)$, 于是只需证明 $V(IJ) \subseteq V(I) \cup V(J)$. 设 $P \in V(IJ)$. 假设 $P \notin V(I)$, 则存在 $f \in I$ 使 $f(P) \neq 0$. 对任意 $g \in J$, 由于 $fg \in IJ$, 所以 $(fg)(P)=f(P)g(P)=0$, 而 $f(P) \neq 0$, 所以 $g(P)=0$, 从而 $P \in V(J)$. 这就证明了 $V(IJ) \subseteq V(I) \cup V(J)$.

(3) 由 (1) 即得 $V\left(\sum\limits_{i \in S} I_i\right) \subseteq \bigcap\limits_{i \in S} V(I_i)$. 另一方面, 若 $P \notin V\left(\sum\limits_{i \in S} I_i\right)$, 则存在 $f \in \sum\limits_{i \in S} I_i$ 使 $f(P) \neq 0$. 假设 $f=f_{k_1}+\cdots+f_{k_l}$, $f_{k_j} \in I_{k_j}, j=1,\cdots,l$, 则存在某个 f_{k_j} 使得 $f_{k_j}(P) \neq 0$, 于是 $P \notin V(I_{k_j})$, 故 $P \notin \bigcap\limits_{i \in S} V(I_i)$. 所以 $V\left(\sum\limits_{i \in S} I_i\right)=\bigcap\limits_{i \in S} V(I_i)$.

(4) 等式成立是因为 $1 \in F[X_1, \cdots, X_n]$.

(5) 显然. □

于是, 根据拓扑的定义, 若把所有代数集 $V(I)$ 作为闭集, 则它们定义了 F^n 上的一个拓扑.

定义 1.2　F^n 上由所有代数集 $V(I)$ 作为闭集所定义的拓扑称为 F^n 上的 Zariski **拓扑**.

利用 Zariski 拓扑, 我们可以讨论代数集的拓扑性质. 但我们更感兴趣的是用代数方法来讨论 $V(I)$ 的几何性质. 显然, $V(I)$ 是由 I 得到的, I 的代数性质当然影响 $V(I)$ 的几何性质. 然而, I 不一定由 $V(I)$ 所决定, 例如, 对任意 $f \in F[X_1, \cdots, X_n]$, $V(f) = V(f^2)$, 但 (f) 不一定与 (f^2) 相等.

F^n 的代数集是由 $F[X_1, \cdots, X_n]$ 的一个理想决定的, 反过来, 它又决定了 $F[X_1, \cdots, X_n]$ 的一个理想.

定义 1.3　设 V 是 F^n 的一个代数集, 令

$$I(V) = \{f \in F[X_1, \cdots, X_n] \mid f(P) = 0, \forall\ P \in V\},$$

易见 $I(V)$ 是 $F[X_1, \cdots, X_n]$ 的一个理想, 称为 V **的理想**.

注意到, 若 W 是 F^n 的任意一个子集, 我们也可以如上定义 $I(W)$, 易见这样的 $I(W)$ 也是 $F[X_1, \cdots, X_n]$ 的一个理想.

对应于定理 1.1, 我们可以证明如下定理.

定理 1.2　代数集的理想具有下列性质:

(1) 若 $V_1 \subseteq V_2$, 则 $I(V_2) \subseteq I(V_1)$;

(2) $I(V_1 \cup V_2) = I(V_1) \cap I(V_2)$;

(3) $I(\varnothing) = F[X_1, \cdots, X_n]$;

(4) 若 F 是无限域, 则 $I(F^n) = 0$.

证明　(1) 显然.

(2) 由 (1) 即得 $I(V_1 \cup V_2) \subseteq I(V_1) \cap I(V_2)$. 再设 $f \in I(V_1) \cap I(V_2)$, 对任意 $P \in V_1 \cup V_2$, 则有 $P \in V_1$ 或者 $P \in V_2$. 若 $P \in V_1$, 则由 $f \in I(V_1)$ 得 $f(P) = 0$. 若 $P \in V_2$, 则由 $f \in I(V_2)$ 也得 $f(P) = 0$. 所以总有 $f(P) = 0$, 故 $f \in I(V_1 \cup V_2)$. 因而 $I(V_1) \cap I(V_2) \subseteq I(V_1 \cup V_2)$, 从而 $I(V_1 \cup V_2) = I(V_1) \cap I(V_2)$.

(3) 也是显然的.

(4) 为证明 $I(F^n) = 0$, 只需证明这样一个结论: 设 $f \in F[X_1, \cdots, X_n]$, 若对所有 $P \in F^n$ 都有 $f(P) = 0$, 则 $f = 0$.

对 n 用归纳法. 当 $n = 1$ 时, 结论显然成立, 因为非零的一元多项式只有有限多个根而 F 是无限集. 再假设 $n > 1$ 且结论对 $n - 1$ 成立. 令

$$f = \sum f_i X_n^i, \quad f_i \in F[X_1, \cdots, X_{n-1}].$$

对任意固定的 $(a_1,\cdots,a_{n-1})\in F^{n-1}$, 考虑 X_n 的一元多项式

$$\sum f_i(a_1,\cdots,a_{n-1})X_n^i.$$

由于对任意 $a_n\in F$ 都有

$$\sum f_i(a_1,\cdots,a_{n-1})a_n^i=f(a_1,\cdots,a_n)=0,$$

所以 $\sum f_i(a_1,\cdots,a_{n-1})X_n^i$ 是零多项式, 从而它的系数 $f_i(a_1,\cdots,a_{n-1})=0$, 即对任意 $(a_1,\cdots,a_{n-1})\in F^{n-1}$ 都有 $f_i(a_1,\cdots,a_{n-1})=0$. 于是, 对 f_i 用归纳假设即得 $f_i=0$. 所以 $f=0$. □

对 $F[X_1,\cdots,X_n]$ 的任意理想 J, 显然有 $J\subseteq I(V(J))$, 何时等号成立呢? 后面我们将知道, 当 F 是代数闭域时, 等号成立的充要条件是 $J=\sqrt{J}$.

但是, 若 W 是代数集, 则总有 $W=V(I(W))$, 这是因为, 若令 $W=V(J)$, 则由 $J\subseteq I(V(J))$ 得 $V(I(V(J)))\subseteq V(J)$, 即 $V(I(W))\subseteq W$, 而 $W\subseteq V(I(W))$ 总是成立的.

形如 $V(f), f\in F[X_1,\cdots,X_n]$, 的代数集称为**超平面**. 我们将在第 2 章中证明, 每个代数集都是有限多个超平面的交.

习　题

1. 设 $f\in F[X_1,\cdots,X_n]$, $a_1,\cdots,a_n\in F$.

(1) 证明: $f=\sum\limits_{i_1,\cdots,i_n\geqslant 0}\alpha_{i_1\cdots i_n}(X_1-a_1)^{i_1}\cdots(X_n-a_n)^{i_n}$, $\alpha_{i_1\cdots i_n}\in F$;

(2) 如果 $f(a_1,\cdots,a_n)=0$, 则

$$f=\sum_{i=1}^n(X_i-a_i)g_i,\quad g_i\in F[X_1,\cdots,X_n];$$

(3) 证明: $(X_1-a_1,\cdots,X_n-a_n)$ 是 $F[X_1,\cdots,X_n]$ 的一个极大理想.

2. 找出 F^1 中的所有代数集.

3. 设 F 是有限域, 证明 F^n 中的每个子集都是代数的.

4. 证明 $\{(a,a^2,a^3)\in F^3\mid a\in F\}$ 是一个代数集, 但 $\{(a,b)\in\mathbb{R}^2\mid b=\sin a\}$ 不是代数集.

5. 设 V,W 是 F^n 中的代数集, 证明:

$$V=W\Leftrightarrow I(V)=I(W).$$

6. 设 R 是有单位元的交换环, 对 R 的任意理想 I, 令

$$V(I) = \{\mathfrak{p} \in \mathrm{Spec}(R) \mid \mathfrak{p} \supseteq I\}.$$

取所有形如 $V(I)$ 的子集为闭集, I 为 R 的理想, 证明：可以在 $\mathrm{Spec}(R)$ 上定义一个拓扑.

7. 证明：$\mathrm{Spec}(R)$ 的任意开覆盖都有有限子覆盖.

第 2 章　Noether 环

Noether 环是一类重要的环, 交换代数中讨论的环大多都是 Noether 环. 在本章中, 我们将证明, 多元多项式环 $F[X_1, \cdots, X_n]$ 是 Noether 环, 即 $F[X_1, \cdots, X_n]$ 的每个理想都是有限生成的, 这个结论有重要意义. Hilbert 零点定理也是我们要证明的一个重要定理, 它告诉我们, 当 F 是代数闭域时, 对 $F[X_1, \cdots, X_n]$ 的理想 I, 代数集 $V(I)$ 非空的充要条件是 I 是真理想. 对于一个代数集 $V(I)$, 只有当它非空时, 我们对它的所有讨论才有实质的意义. 我们还将领略局部化的思想. 若 R 是 Noether 环, $\mathfrak{p}$ 是 R 的一个素理想, 则 R 在 $\mathfrak{p}$ 处的局部化 $R_{\mathfrak{p}}$ 也是一个 Noether 环. $R_{\mathfrak{p}}$ 的素理想一一对应于 R 的含于 $\mathfrak{p}$ 的素理想, 这在几何上有深刻的内涵.

2.1　Noether 模和 Artin 模的基本性质

先来定义和讨论一般的 Noether 模及其对偶模 Artin 模.

假设 R 是有单位元的交换环.

定义 2.1　设 M 是 R 模, 如果 M 的任意子模升链

$$M_1 \subseteq M_2 \subseteq \cdots$$

都是稳定的, 即存在 $r \geqslant 1$ 使得 $M_r = M_{r+1} = \cdots$, 则称 M 为 Noether **模**. 如果环 R 是 Noether R 模, 则称 R 为Noether **环**.

也就是说, Noether 模中不存在严格递增的无限子模链.

例如, 有限维向量空间中就不存在严格递增的无限子空间链, 所以, 有限维向量空间是 Noether 模.

下面两个命题给出了 Noether 模的两个刻画.

命题 2.1　M 是 Noether 模当且仅当由 M 的一些子模组成的任意集合关于包含关系都含有极大元.

证明　假设由 M 的一些子模组成的集合关于包含关系都含有极大元. 设

$$M_1 \subseteq M_2 \subseteq \cdots$$

是 M 的任意一个子模升链. 考虑集合 $\{M_n \mid n = 1, 2, \cdots\}$. 根据假设, 这个集合关于包含关系含有极大元, 设 M_r 是一个极大元, 则 $M_r = M_{r+1} = \cdots$. 因而, M 是 Noether 模.

反过来, 假设 M 是 Noether 模. 设 $\mathcal{M} = \{M_\alpha \mid \alpha \in S\}$ 是由 M 的一些子模组成的一个集合. 如果 $\mathcal{M}$ 关于包含关系没有极大元, 任取 $M_{\alpha_1} \in \mathcal{M}$, 则必有 $M_{\alpha_2} \in \mathcal{M}$ 使得 $M_{\alpha_1} \subsetneq M_{\alpha_2}$, 也有 $M_{\alpha_3} \in \mathcal{M}$ 使得 $M_{\alpha_2} \subsetneq M_{\alpha_3}$, 如此继续下去即得一个不稳定的升链

$$M_{\alpha_1} \subsetneq M_{\alpha_2} \subsetneq M_{\alpha_3} \cdots,$$

这与 M 是 Noether 模相矛盾. 所以 $\mathcal{M}$ 关于包含关系一定含有极大元. □

命题 2.2　M 是 Noether 模当且仅当 M 的子模都是有限生成的.

证明　假设 M 是 Noether 模. 设 N 是 M 的任意一个子模, 任取 $m_1 \in N$, 若 $N \neq (m_1)$ 则取 $m_2 \in N \setminus (m_1)$. 若 $N \neq (m_1, m_2)$ 则再取 $m_3 \in N \setminus (m_1, m_2)$. 如此继续下去, 如果这个过程可以无限地做下去, 则我们得到 M 的一个子模的严格升链:

$$(m_1) \subsetneq (m_1, m_2) \subsetneq (m_1, m_2, m_3) \subsetneq \cdots,$$

但这与 M 是 Noether 模的假设相矛盾. 所以上面的过程只能进行有限步, 即存在 $r \geqslant 1$ 使得 $N = (m_1, m_2, \cdots, m_r)$, 于是 N 是有限生成的.

反过来, 假设 M 的子模都是有限生成的. 设

$$M_1 \subseteq M_2 \subseteq \cdots$$

是 M 的任意一个子模升链, 令 $N = \bigcup_{n\geqslant 1} M_n$, 则容易验证, N 是 M 的一个子模. 根据假设, N 是有限生成的, 故有 $m_1, \cdots, m_r \in N$ 使得 $N = (m_1, \cdots, m_r)$. 由于 $m_i \in \bigcup_{n\geqslant 1} M_n, i = 1, \cdots, r$, 所以存在 $s \geqslant 1$ 使得 $m_i \in M_s, i = 1, \cdots, r$, 因而 $M_s = M_{s+1} = \cdots$. 所以, M 是 Noether 模. □

于是, R 是 Noether 环当且仅当 R 的每个理想都是有限生成的. 若 R 是 Noether 环, I 是 R 的一个理想, 则由于商环 R/I 的理想都可以表示成 J/I, 其中 J 是 R 的一个包含 I 的理想, 由 J 是有限生成的即得 J/I 也是有限生成的, 所以 R/I 也是一个 Noether 环.

下面的命题表明, 我们可以由 M 的一个子模及其关于这个子模的商模的 Noether 性来得到 M 的 Noether 性.

命题 2.3　设 N 是 M 的一个子模, 则 M 是 Noether 模当且仅当 N 和 M/N 都是 Noether 的.

证明　假设 M 是 Noether 模. 由于 N 的子模也是 M 的子模, 所以由定义即得 N 也是 Noether 模. 又由于 M/N 的子模可以唯一地表示成 K/N, 其中 K 是 M 的一个包含 N 的子模, 所以, M/N 的任意子模升链可以表示成下列形式:

$$M_1/N \subseteq M_2/N \subseteq \cdots,$$

则 $N \subseteq M_1 \subseteq M_2 \subseteq \cdots$ 是 M 的子模升链, 故由假设, 这个升链是稳定的, 从而, M/N 的上述子模升链也是稳定的. 这就证明了 M/N 是 Noether 模. 注意到, 由 M 的子模的有限生成性可得 N 和 M/N 的子模的有限生成性, 所以, 由命题 2.2 也可得出 N 和 M/N 都是 Noether 的.

反过来, 假设 N 和 M/N 都是 Noether 的. 设

$$M_1 \subseteq M_2 \subseteq \cdots$$

是 M 的任意一个子模升链, 则

$$M_1 \cap N \subseteq M_2 \cap N \subseteq \cdots$$

是 N 的一个子模升链, 于是, 由 N 的 Noether 性知, 存在 $r_1 \geqslant 1$ 使得 $M_{r_1} \cap N = M_{r_1+1} \cap N = \cdots$. 再令 $\overline{M}_i = (M_i + N)/N$, $i = 1, 2, \cdots$, 则

$$\overline{M}_1 \subseteq \overline{M}_2 \subseteq \cdots$$

构成 M/N 的一个子模升链, 于是, 根据假设, 存在 $r_2 \geqslant 1$ 使得 $\overline{M}_{r_2} = \overline{M}_{r_2+1} = \cdots$. 令 r 是 r_1 和 r_2 中的最大者, 则对任意 $n \geqslant r$, 都有

$$M_n \cap N = M_{n+1} \cap N, \quad (M_n + N)/N = (M_{n+1} + N)/N.$$

让我们由上面的两个等式来证明, 必有 $M_n = M_{n+1}$.

由第二个等式得 $M_n + N = M_{n+1} + N$. 由于 $M_{n+1} \supseteq M_n$, 所以由 $M_n + N = M_{n+1} + N$ 可推得 $M_{n+1} = M_n + (M_{n+1} \cap N)$. 再由第一个等式即得 $M_{n+1} = M_n$. 这就证明了 M 是 Noether 的. □

我们知道, Noether 环的理想都是有限生成的, 即每个理想都有有限生成元组, 在有限生成元组中去掉多余的生成元后即得一个极小生成元组. 对一个理想, 它的不同的极小生成元组所含元素的个数是否相同呢? 对 Noether 局部环, 答案是肯定的.

假设 $(R, \mathfrak{m}, k)$ 是一个 Noether 局部环, I 是 R 的一个理想. 若 $a_1, \cdots, a_n$ 生成了 I, 则 $a_1 + \mathfrak{m}I, \cdots, a_n + \mathfrak{m}I$ 是 k 向量空间 $I/\mathfrak{m}I$ 的一组生成元. 反过来, 若 $a_1, \cdots, a_n \in I$ 使得 $a_1 + \mathfrak{m}I, \cdots, a_n + \mathfrak{m}I$ 生成了 k 向量空间 $I/\mathfrak{m}I$, 则有 $I = (a_1, \cdots, a_n) + \mathfrak{m}I$, 于是由 Nakayama 引理的推论得 $I = (a_1, \cdots, a_n)$. 所以, $a_1, \cdots, a_n$ 是 I 的一个极小生成元组当且仅当 $a_1 + \mathfrak{m}I, \cdots, a_n + \mathfrak{m}I$ 是 k 向量空间 $I/\mathfrak{m}I$ 的一组基. 而 $I/\mathfrak{m}I$ 的基所含元素的个数是相同的, 所以 I 的极小生成元组所含元素的个数也是相同的, 记其个数为 $\delta(I)$. 于是

$$\delta(I) = \dim_k(I/\mathfrak{m}I).$$

容易看出, 与 Noether 模同构的模也是 Noether 的. 下面来讨论 Noether 模在同态下的性质.

再引入一些概念.

模同态 $f: M \to N$ 有时也写成 $M \xrightarrow{f} N$, 对模 M, 有两个定义明显的零同态 $0 \to M$, $M \to 0$. 称

$$M_1 \xrightarrow{f_1} M_2 \xrightarrow{f_2} \cdots \xrightarrow{f_{n-1}} M_n$$

为一个**序列**, 如果 $M_1, \cdots, M_n$ 是 R 模, $f_1, \cdots, f_{n-1}$ 是 R 模同态. 我们称这个模序列在 M_i 处是**正合的**, 如果作为 M_i 的子模, f_{i-1} 的像与 f_i 的核相等, 即, 有 $\mathrm{Ker}(f_i) = \mathrm{Im}(f_{i-1})$. 序列

$$M_1 \xrightarrow{f_1} M_2 \xrightarrow{f_2} \cdots \xrightarrow{f_{n-1}} M_n$$

称为**正合序列**或**正合列**, 如果它在每个 $M_i (2 \leqslant i \leqslant n-1)$ 处都是正合的.

形如

$$0 \to M' \xrightarrow{f} M \xrightarrow{g} M'' \to 0$$

的正合列称为**短正合列**.

注意到, 上面的序列是正合的当且仅当 f 是单同态, g 是满同态且 $\mathrm{Im}(f) = \mathrm{Ker}(g)$. 在这样的短正合列中, M' 与 M 的子模 $f(M')$ 同构, 又由于 $f(M') = \mathrm{Ker}(g)$ 且 $M/\mathrm{Ker}(g) \cong M''$, 所以 $M/f(M') \cong M''$.

由上面的命题即得下述推论.

推论 2.1　设

$$0 \to M' \to M \to M'' \to 0$$

是短正合列, 则 M 是 Noether 的当且仅当 M' 和 M'' 都是 Noether 的.

推论 2.2　如果 $M_i (i = 1, \cdots, n)$ 都是 Noether 模, 则直和 $\bigoplus\limits_{i=1}^{n} M_i$ 也是 Noether 模.

证明　首先注意到, 若 M, N 是 R 模, 则有自然的短正合列

$$0 \to M \to M \oplus N \to N \to 0.$$

所以, 对 n 用归纳法并利用推论 2.1 即得结论. □

推论 2.3　Noether 环上的有限生成模都是 Noether 的.

证明　设 R 是 Noether 环, M 是有限生成的 R 模. 假设 $M = (m_1, \cdots, m_n)$, 则有满同态

$$\bigoplus_{i=1}^{n} R_i \to M,$$
$$(r_1, \cdots, r_n) \mapsto r_1 m_1 + \cdots + r_n m_n,$$

其中 $R_i = R, i = 1, \cdots, n$. 由于 $\bigoplus\limits_{i=1}^{n} R_i$ 是 Noether 模, 而 M 同构于 $\bigoplus\limits_{i=1}^{n} R_i$ 的一个商模, 所以 M 也是 Noether 的. □

于是, Noether 环上的有限生成模的子模都是有限生成的.

对偶于 Noether 模的定义, 我们有

定义 2.2 设 M 是 R 模, 如果 M 的任意子模降链

$$M_1 \supseteq M_2 \supseteq \cdots$$

都是稳定的, 即存在 $r \geqslant 1$ 使得 $M_r = M_{r+1} = \cdots$, 则称 M 为 Artin **模**. 如果环 R 是 Artin R 模, 则称 R 为 Artin **环**.

完全类似于命题 2.1 和命题 2.3 的证明, 我们有以下命题.

命题 2.4 M 是 Artin 模当且仅当由 M 的一些子模组成的任意集合关于包含关系都含有极小元.

命题 2.5 设 N 是模 M 的一个子模, 则 M 是 Artin 模当且仅当 N 和 M/N 都是 Artin 的.

推论 2.4 设

$$0 \to M' \to M \to M'' \to 0$$

是短正合列, 则 M 是 Artin 的当且仅当 M' 和 M'' 都是 Artin 的.

前面我们已经知道, 有限维向量空间是 Noether 模, 容易看出, 有限维向量空间也是 Artin 模. 有限维向量空间既是 Noether 的又是 Artin 的, 根本原因是其维数的有限性.

向量空间是特殊的模. 向量空间的维数是重要的度量, 一般的模有没有这样的度量呢? 注意到, 有限维向量空间 V 的维数实际上是下列形式的子空间链的长度:

$$V = V_0 \supsetneqq V_1 \supsetneqq \cdots \supsetneqq V_n = 0,$$

其中 $V_i/V_{i+1} (i = 0, 1, \cdots, n-1)$ 除 0 和自身外没有其他子空间.

这样的链就是下面要定义的合成列.

定义 2.3 模 M 的**合成列**是 M 的下列形式的子模链:

$$M = M_0 \supsetneqq M_1 \supsetneqq \cdots \supsetneqq M_n = 0,$$

其中 $M_i/M_{i+1} (i = 0, 1, \cdots, n-1)$ 都是单模, 即除 0 和其自身外没有其他子模, n 称为这个合成列的**长度**.

并不是每个模都有合成列的 (后面, 我们会得到一个模有合成列的充要条件). 先来考察一个模有合成列时, 其不同的合成列的长度是否相同.

命题 2.6　一个模若有合成列, 则其合成列的长度都相等.

证明　对有合成列的模 M, 用 $\ell(M)$ 表示 M 的合成列的长度的最小者, 则 $\ell(M)$ 是一个非负整数.

首先证明: 若 M 有合成列, N 是 M 的一个真子模, 则 N 也有合成列且 $\ell(N) < \ell(M)$. 令 $\ell(M) = n$, 设

$$M = M_0 \supsetneqq M_1 \supsetneqq \cdots \supsetneqq M_n = 0$$

是 M 的一个长度为 n 的合成列. 令 $N_i = N \cap M_i$, $i = 0, 1, \cdots, n$, 则

$$N = N_0 \supseteq N_1 \supseteq \cdots \supseteq N_n = 0$$

是 N 的一个子模链. 由于

$$N_i/N_{i+1} = (N \cap M_i)/(N \cap M_{i+1}) \cong (M_{i+1} + (N \cap M_i))/M_{i+1} \subseteq M_i/M_{i+1}$$

而 M_i/M_{i+1} 是单模, 所以 N_i/N_{i+1} 为 0 或者单模. 因而, 在 N 的这个子模链中去掉相邻重复的项即得 N 的一个合成列. 注意到, 这个合成列的长度小于等于 $\ell(M)$, 从而 $\ell(N) \leqslant \ell(M)$. 如果 $\ell(N) = \ell(M)$, 则上面的 N 的子模链就是 N 的一个合成列, 因而每个 N_i/N_{i+1} 都是单模, 则由上式得

$$M_i = M_{i+1} + (N \cap M_i), \quad i = 0, 1, \cdots, n-1.$$

于是

$$\begin{aligned} M &= M_0 = M_1 + (N \cap M_0) = M_1 + N \\ &= M_2 + (N \cap M_1) + N = M_2 + N \\ &= \cdots \\ &= M_n + N \\ &= N, \end{aligned}$$

这与 N 是 M 的真子模相矛盾, 因而 $\ell(N) < \ell(M)$.

现在证明: M 的任意一个合成列的长度都为 $\ell(M)$. 设

$$M = M_0 \supsetneqq M_1 \supsetneqq \cdots \supsetneqq M_r = 0$$

是 M 的任意一个合成列, 则由上面的结论得

$$\ell(M) > \ell(M_1) > \ell(M_2) > \cdots > \ell(M_{r-1}) > 0,$$

由此可见 $r \leqslant \ell(M)$, 从而 $r = \ell(M)$. 命题得证. □

有了上面的命题, 下面的定义就有意义了.

定义 2.4 若 M 有合成列, 则其合成列的公共长度称为 **M 的长度**, 记为 $\ell(M)$, 若 M 没有合成列, 则称 M 的长度为无限, 记为 $\ell(M) = \infty$.

例如, 若 M 是域 F 上的向量空间, 则 $\ell(M)$ 就是 M 作为 F 上的向量空间的维数.

模的合成列是这样的一个子模链, 其相邻两个子模之间不能再插进其他子模. 下面的命题表明, 当一个模的长度有限时, 这个模的任意子模链都可以通过插进新的子模的办法最终成为一个合成列.

命题 2.7 如果模 M 的长度有限, 则 M 的任意一个子模链都可以扩充成为一个合成列.

证明 首先注意到, 对 M 的两个子模 $N_1 \supsetneq N_2$, 若 N_1/N_2 不是单模, 则存在子模 N' 使得

$$N_1 \supsetneq N' \supsetneq N_2.$$

如果这样的 N' 不存在, 则 N_1/N_2 一定是单模.

设

$$M = M_0 \supsetneq M_1 \supsetneq \cdots \supsetneq M_n = 0$$

是 M 的一个子模链, 则类似于命题 2.6 的证明部分中的论证, 有 $n \leqslant \ell(M)$. 如果每个 M_i/M_{i+1} 都是单模, 则这个子模链就是一个合成列. 如果有某个 M_i/M_{i+1} 不是单模, 则有子模 N 使 $M_i \supsetneq N \supsetneq M_{i+1}$. 如此继续下去. 由于所得的子模链的长度不能超过 $\ell(M)$, 所以这样的步骤只能做有限次, 从而得到 M 的一个合成列. 所以, M 的任意一个子模链都可以扩充成一个合成列. □

下面的定理用 Noether 和 Artin 性刻画了长度有限的模.

定理 2.1 M 的长度有限的充要条件是 M 既是 Noether 的又是 Artin 的.

证明 假设 M 的长度有限, 令 $\ell(M) = n$, 则如上述命题的证明中所说明的, M 的 (严格) 子模链的长度都不超过 n, 由此即得 M 满足升链条件和降链条件, 即 M 既是 Noether 又是 Artin 的.

反过来, 假设 M 既是 Noether 又是 Artin 的. 我们来构作 M 的一个合成列. 假设 $M \neq 0$. 考虑 M 的所有真子模构成的集合. 由于 M 是 Noether 的, 故由命题 2.1 知这个集合关于包含关系含有极大元. 设 M_1 是一个极大元, 则 M/M_1 是一个的单模. 类似地, 由于 M_1 也是 Noether 的, 若 $M_1 \neq 0$, 则存在 M_1 的子模 M_2 使得 M_1/M_2 是一个单模. 若 $M_2 \neq 0$, 则如此继续下去, 这样可以得到一个子模降链:

$$M = M_0 \supsetneq M_1 \supsetneq M_2 \supsetneq \cdots.$$

这个降链必须是有限长度的, 否则与 M 的 Artin 性相矛盾. 这个有限长度的降链就是 M 的一个合成列. 所以, M 的长度是有限的. □

我们知道, 若 V 是有限维向量空间, W 是 V 的子空间, 则 V 的维数等于 W 的维数与商空间 V/W 的维数之和. 这一结论可以推广到一般的长度有限的模上.

命题 2.8　设

$$0 \to M' \to M \to M'' \to 0$$

是短正合列, 则 M 的长度有限当且仅当 M' 和 M'' 的长度都有限. 当 M 的长度有限时, 有

$$\ell(M) = \ell(M') + \ell(M'').$$

证明　根据定理 2.1, 一个模的长度有限等价于它的 Noether 性和 Artin 性. 于是, 由推论 2.1 和推论 2.4 即得前一结论. 下面假设 M 的长度有限.

不妨假设 M' 是 M 的子模且 $M'' = M/M'$. 令 $\ell(M') = s$, $\ell(M'') = t$. 设

$$M' = M'_0 \supsetneq M'_1 \supsetneq \cdots \supsetneq M'_s = 0$$

是 M' 的一个合成列,

$$M'' = M''_0 \supsetneq M''_1 \supsetneq \cdots \supsetneq M''_t = 0$$

是 M'' 的一个合成列. 令 M_i 是 M 的子模使得 $M_i \supseteq M'$ 且 $M_i/M' = M''_i$, $i = 0, 1, \cdots, t$, 则有 M 的子模链:

$$M = M_0 \supsetneq M_1 \supsetneq \cdots \supsetneq M_t = M'.$$

注意到 $M_i/M_{i+1} \cong M''_i/M''_{i+1} (i = 0, 1, \cdots, t-1)$ 都是单模. 所以

$$M = M_0 \supsetneq M_1 \supsetneq \cdots \supsetneq M_t \supsetneq M'_1 \supsetneq \cdots \supsetneq M'_s = 0$$

是 M 的一个合成列, 其长度为 $s+t$. 因而

$$\ell(M) = s + t = \ell(M') + \ell(M''). \qquad \square$$

推论 2.5　设

$$0 \to M_1 \xrightarrow{f_1} M_2 \xrightarrow{f_2} \cdots \xrightarrow{f_{n-1}} M_n \to 0$$

是一个正合列. 假设每个 M_i 的长度都有限, 则有

$$\sum_{i=1}^{n} (-1)^i \ell(M_i) = 0.$$

证明 由正合列

$$0 \to M_1 \xrightarrow{f_1} M_2 \xrightarrow{f_2} \cdots \xrightarrow{f_{n-1}} M_n \to 0$$

可以得到下列短正合列:

$$\begin{aligned}
&0 \to M_1 \to M_2 \to \mathrm{Im}(f_2) \to 0,\\
&0 \to \mathrm{Im}(f_2) \to M_3 \to \mathrm{Im}(f_3) \to 0,\\
&\cdots\cdots\\
&0 \to \mathrm{Im}(f_{n-2}) \to M_{n-1} \to M_n \to 0.
\end{aligned}$$

根据命题 2.8, 由 M_i 的长度有限得 $\mathrm{Im}(f_i)$ 的长度也有限. 再由命题 2.8 得

$$\begin{aligned}
\ell(M_2) &= \ell(M_1) + \ell(\mathrm{Im}(f_2)),\\
\ell(M_3) &= \ell(\mathrm{Im}(f_2)) + \ell(\mathrm{Im}(f_3)),\\
&\cdots\cdots\\
\ell(M_{n-1}) &= \ell(\mathrm{Im}(f_{n-2})) + \ell(M_n).
\end{aligned}$$

由此即得

$$\sum_{i=1}^{n}(-1)^i \ell(M_i) = 0.$$ □

2.2 Hilbert 基定理

Noether 环的重要性在于其理想的有限生成性, 因为具有有限性的事物的性质相对比较容易把握. 前面讨论的代数集都是由 $F[X_1, \cdots, X_n]$ 的理想来定义的, 现在来证明 $F[X_1, \cdots, X_n]$ 是 Noether 环.

Hilbert 基定理 如果 R 是 Noether 环, 则 $R[X]$ 也是 Noether 环.

证明 设 I 是 $R[X]$ 的一个理想, 我们来证明 I 是有限生成的.

令 J 是 I 中的多项式的首项系数组成的集合, 则易见 J 是 R 的一个理想. 根据假设, J 是有限生成的. 令 $J = (a_1, \cdots, a_r)$, 则有

$$f_i = a_i X^{s_i} + \text{低次项} \in I, \quad i = 1, \cdots, r.$$

再令

$$\begin{aligned}
&I' = (f_1, \cdots, f_r),\\
&K = R + RX + \cdots + RX^{s-1}, \text{其中 } s = \max_{i=1,\cdots,r}\{s_i\}.
\end{aligned}$$

下面证明：$I = I' + (I \cap K)$. 显然 $I' + (I \cap K) \subseteq I$. 另一方面, 对任意 $f \in I$. 令 $f = aX^t +$ 低次项, $a \neq 0$, 则 $a \in J$. 于是存在 $b_i \in R$, $i = 1, \cdots, r$, 使得 $a = b_1 a_1 + \cdots + b_r a_r$. 若 $t \geqslant s$, 则 $g = f - \sum_{i=1}^{r} b_i X^{t-s_i} f_i \in I$ 但 $\deg g < \deg f$. 所以, 有限步后, 总存在 $h \in I'$ 使得 $f - h \in I$ 且 $\deg(f-h) < s$, 即

$$f - h = c_0 + c_1 X + \cdots + c_{s-1} X^{s-1}, \quad c_i \in R,$$

故 $f - h \in I \cap K$. 从而 $I = I' + (I \cap K)$.

注意到, K 是有限生成的 R 模, 从而是 Noether R 模. 所以其子模 $I \cap K$ 是有限生成的, 故有 $g_1, \cdots, g_l \in I$ 使得 $I \cap K = Rg_1 + \cdots + Rg_l$. 于是

$$I = (f_1, \cdots, f_r) + Rg_1 + \cdots + Rg_l \subseteq (f_1, \cdots, f_r, g_1, \cdots, g_l).$$

又 $(f_1, \cdots, f_r, g_1, \cdots, g_l) \subseteq I$ 是显然的, 所以 $I = (f_1, \cdots, f_r, g_1, \cdots, g_l)$ 是有限生成的. 这就证明了 $R[X]$ 是 Noether 环. □

若 F 是域, 因为 $F[X]$ 是主理想整环, 从而其每个理想都可以由一个元素生成, 所以 $F[X]$ 是 Noether 环. 这个结论可以推广到多元多项式环上.

推论 2.6　若 F 是域, 则 $F[X_1, \cdots, X_n]$ 是 Noether 环.

证明　显然 F 是 Noether 环, 则由 Hilbert 基定理即得 $F[X_1]$ 是 Noether 环. 而

$$F[X_1, \cdots, X_n] = F[X_1][X_2] \cdots [X_n],$$

所以, 利用 Hilbert 基定理对 n 用归纳法即得 $F[X_1, \cdots, X_n]$ 是 Noether 环. □

下面的命题可以认为是对空间曲线是空间曲面相交而得这一结论的推广.

命题 2.9　每个代数集都是有限多个超平面的交.

证明　设 $V \subseteq F^n$ 是一个代数集, 则有 $F[X_1, \cdots, X_n]$ 的一个理想 I 使 $V = V(I)$. 根据上面的推论, I 是有限生成的, 故有 $f_1, \cdots, f_r \in I$ 使 $I = (f_1, \cdots, f_r)$. 于是

$$V = V(f_1, \cdots, f_r) = V(f_1) \cap \cdots \cap V(f_r).$$

因而 V 是有限多个超平面的交. □

设 B 是一个 A 代数, 假设 A 是 Noether 的且 B 作为 A 模是有限生成的, 则 B 是一个 Noether A 模. 由于 B 的 B 子模 (即理想) 也一定是 A 子模, 若一个 B 子模作为 A 子模是有限生成的, 则它作为 B 子模一定也是有限生成的, 所以, 此时, B 也是一个 Noether B 模, 即 B 是一个 Noether 环. 如果 B 是有限生成的 A 代数, 类似的结论也是成立的.

命题 2.10 Noether 环上的有限生成代数是 Noether 环.

证明 设 R 是 Noether 环, A 是有限生成的 R 代数, 则有环满同态

$$R[X_1, \cdots, X_n] \to A.$$

根据 Hilbert 基定理, $R[X_1, \cdots, X_n]$ 是一个 Noether 环, 从而 A 也是一个 Noether 环. □

2.3 Hilbert 零点定理

代数集是重要的几何体, 要研究它, 首先要知道它不是空集, 否则对它的任何讨论都没有意义. 本节将要证明的 Hilbert 零点定理回答了代数集何时非空这一问题. 下面先做一些准备.

引理 2.1 设 $F \subseteq K \subseteq A$ 都是域. 假设 A 是有限生成的 F 代数, 又是 K 上的有限生成模, 则 K 也是有限生成的 F 代数.

证明 令 $A = F[a_1, \cdots, a_n]$, $A = Kb_1 + \cdots + Kb_m$, 则有

$$a_i = \sum_{j=1}^{m} k_{ij} b_j, \quad k_{ij} \in K, \ i = 1, \cdots, n,$$

$$b_s b_t = \sum_{l=1}^{m} k_{stl} b_l, \quad k_{stl} \in K, \ s, t = 1, \cdots, m.$$

再令 $K_0 = F[k_{ij}, k_{stl} \mid i = 1, \cdots, n; j, s, t, l = 1, \cdots, m]$, 则 A 是一个 K_0 模, K 是 A 的 K_0 子模.

由命题 2.10, K_0 是一个 Noether 环. 注意到, 由于 A 中的元素都是 $a_1, \cdots, a_n$ 在 F 上的多项式, 代入上面两个等式, 我们发现 A 中的元素都是 $b_1, \cdots, b_m$ 的系数在 K_0 中的线性组合, 所以 A 是由 $b_1, \cdots, b_m$ 生成的 K_0 模, 故 A 是有限生成的 K_0 模, 因而是一个 Noether K_0 模. 于是, 其子模 K 也是有限生成的 K_0 模, 而 K_0 是有限生成的 F 代数, 所以 K 也是有限生成的 F 代数. □

引理 2.2 设 F 是域, $A \supseteq F$ 是有限生成的 F 代数. 如果 A 也是域, 则 A 一定是 F 的代数扩域.

证明 令 $A = F[a_1, \cdots, a_n]$, 首先注意到, 若 $a_1, \cdots, a_n$ 在 F 上都是代数的, 则 A 一定是 F 的代数扩域.

对 n 用归纳法来证明结论. 当 $n = 1$ 时, 若 a_1 在 F 上不是代数的, 则 $F[a_1] \cong F[X]$, 其中 X 是不定元. 显然 $F[X]$ 不是域 (例如, X 在 $F[X]$ 中不可逆), 所以 a_1 在 F 上必是代数的. 现在假设 $n > 1$ 且结论对 $n-1$ 成立. 如果 $a_1, \cdots, a_n$ 在 F 上都是代数的, 则结论成立. 如果 $a_1, \cdots, a_n$ 在 F 上不都是代数的, 不妨设 a_1 在

F 上不是代数的. 令 $K = F(a_1)$, 则 K 是 A 的子域且 $A = K[a_2, \cdots, a_n]$. 于是, 根据归纳假设, A 是 K 的代数扩域, 从而, A 是有限生成的 K 模. 则由引理 2.1 知, K 是一个有限生成的 F 代数.

为完成引理的证明, 只需证明下列结论: 若 X 是不定元, 则 $F(X)$ 不是有限生成的 F 代数. 假设

$$F(X) = F\left[\frac{f_1(X)}{g_1(X)}, \cdots, \frac{f_r(X)}{g_r(X)}\right], \quad f_1, \cdots, f_r, g_1, \cdots, g_r \in F[X].$$

取不可约多项式 $p(X)$ 使其与 $g_1(X), \cdots, g_r(X)$ 都互素, 则 $\dfrac{1}{p(X)}$ 不能表示成 $\dfrac{f_1(X)}{g_1(X)}, \cdots, \dfrac{f_r(X)}{g_r(X)}$ 的多项式的形式, 矛盾. □

下面的定理通常称为是 Hilbert 零点定理的弱形式.

定理 2.2　假设F是代数闭域, I 是 $F[X_1, \cdots, X_n]$ 的一个真理想, 则 $V(I) \neq \varnothing$.

证明　由 I 是真理想知，存在 $F[X_1, \cdots, X_n]$ 的极大理想 $\mathfrak{m}$ 使得 $I \subseteq \mathfrak{m}$. 由于 $V(\mathfrak{m}) \subseteq V(I)$, 所以, 我们只需对极大理想 $\mathfrak{m}$ 来证明 $V(\mathfrak{m}) \neq \varnothing$.

有限生成 F 代数 $F[X_1, \cdots, X_n]/\mathfrak{m}$ 是一个域且是 F 的扩域 (这里, 对 $a \in F$, 把 a 与 $a + m$ 等同), 于是, 由引理 2.2, $F[X_1, \cdots, X_n]/\mathfrak{m}$ 是 F 的代数扩域. 但 F 是代数闭域, 所以 $F = F[X_1, \cdots, X_n]/\mathfrak{m}$. 因而存在 $a_i \in F(i = 1, \cdots, n)$ 使得 $X_i + \mathfrak{m} = a_i + \mathfrak{m}$, 即 $X_i - a_i \in \mathfrak{m}$, $i = 1, \cdots, n$, 从而 $(X_1 - a_1, \cdots, X_n - a_n) \subseteq \mathfrak{m}$, 但 $(X_1 - a_1, \cdots, X_n - a_n)$ 是一个极大理想 (见第 1 章的习题 1), 所以 $\mathfrak{m} = (X_1 - a_1, \cdots, X_n - a_n)$. 因而 $V(\mathfrak{m}) = \{(a_1, \cdots, a_n)\} \neq \varnothing$. □

在上面的定理中, 代数闭域这一假设是必需的. 例如, 对于实数域 $\mathbb{R}$, $I = (X_1^2 + X_2^2 + 1)$ 是 $\mathbb{R}[X_1, X_2]$ 的一个真理想, 但显然 $V(I) = \varnothing$.

注意到, 在定理 2.2 的证明中, 我们事实上得到如下结论: 若 F 是代数闭域, 则 $F[X_1, \cdots, X_n]$ 的极大理想都具有形式 $(X_1 - a_1, \cdots, X_n - a_n)$.

现在证明著名的 Hilbert 零点定理.

Hilbert 零点定理　假设 F 是代数闭域, J 是 $F[X_1, \cdots, X_n]$ 的一个理想, 则

$$I(V(J)) = \sqrt{J}.$$

证明　显然 $\sqrt{J} \subseteq I(V(J))$. 再设 $f \in I(V(J))$, 考虑 $n+1$ 个变元的多元多项式环 $F[X_1, \cdots, X_n, X_{n+1}]$ 的理想

$$K = (J, X_{n+1}f - 1) = JF[X_{n+1}] + (X_{n+1}f - 1).$$

若 $(a_1, \cdots, a_n, a_{n+1}) \in V(K)$, 则

$$(a_1, \cdots, a_n) \in V(J), \quad a_{n+1}f(a_1, \cdots, a_n) - 1 = 0,$$

而由 $f \in I(V(J))$ 知 $f(a_1, \cdots, a_n) = 0$, 从而由上式得 $-1 = 0$. 这矛盾说明 $V(K) = \varnothing$. 因而, 由定理 2.2 得 $K = F[X_1, \cdots, X_n, X_{n+1}]$, 即 $1 \in K$. 于是, 存在 $g \in J$, $h \in F[X_{n+1}]$, $k \in F[X_1, \cdots, X_n, X_{n+1}]$ 使得

$$1 = gh + k(X_{n+1}f - 1).$$

在上式中令 $X_{n+1} = \dfrac{1}{f}$ 得 $1 = gh\left(\dfrac{1}{f}\right)$. 因而, 若 $\deg h = N$, 则 $f^N \in J$, 于是 $f \in \sqrt{J}$. 这就证明了 $I(V(J)) = \sqrt{J}$. □

若 $V(J) = \varnothing$, 则 $\sqrt{J} = I(V(J)) = F[X_1, \cdots, X_n]$, 于是 $1 \in \sqrt{J}$, 即存在 $s > 0$ 使 $1^s \in J$. 则 $1 \in J$, 因而 J 不是真理想. 所以, Hilbert 零点定理与定理 2.2 实际上是等价的.

2.4 局 部 化

局部化是分式环和分式模的一个特例, 而构造分式环和分式模则是由整数环 $\mathbb{Z}$ 构造有理数域 $\mathbb{Q}$ 的推广.

首先回忆一下, 我们是如何由 $\mathbb{Z}$ 构造 $\mathbb{Q}$ 的. $\mathbb{Q}$ 可以认为是由这样的数对

$$(a, b), \quad a, b \in \mathbb{Z}, b \neq 0$$

组成的, 其中

$$(a, b) = (c, d) \Leftrightarrow ad - bc = 0,$$

也就是说, $\mathbb{Q}$ 是由集合 $\{(a, b) \mid a, b \in \mathbb{Z}, b \neq 0\}$ 关于下面的等价关系:

$$(a, b) \sim (c, d) \Leftrightarrow ad - bc = 0$$

的等价类组成的集合.

这样的构造方式可以进行推广.

设 R 是有单位元 1 的交换环.

R 的子集 S 称为**乘法封闭子集**, 如果 $1 \in S$, $0 \notin S$ 且 S 关于乘法是封闭的, 即对任意 $s_1, s_2 \in S$ 都有 $s_1 s_2 \in S$.

假设 M 是一个 R 模, S 是 R 的一个乘法封闭子集, 我们来构造一个新的模. 在集合 $M \times S$ 上如下定义关系“$\sim$”:

$$(m_1, s_1) \sim (m_2, s_2) \Leftrightarrow \text{存在 } s \in S \text{ 使得 } s(s_1 m_2 - s_2 m_1) = 0,$$

则容易验证,"$\sim$"是 $M\times S$ 上的一个等价关系. 令 $S^{-1}M=M\times S/\sim$, 即 $S^{-1}M$ 是由 $M\times S$ 关于如上定义的等价关系的等价类组成的集合. 用 $\frac{m}{s}$ 来表示元素 (m,s) 所在的等价类. 在 $S^{-1}M$ 上以如下自然的方式定义加法:

$$\frac{m_1}{s_1}+\frac{m_2}{s_2}=\frac{s_2m_1+s_1m_2}{s_1s_2}.$$

容易验证, 这个定义是合理的, 即若

$$\frac{m_1}{s_1}=\frac{m_1'}{s_1'},\quad \frac{m_2}{s_2}=\frac{m_2'}{s_2'},$$

则

$$\frac{s_2m_1+s_1m_2}{s_1s_2}=\frac{s_2'm_1'+s_1'm_2'}{s_1's_2'}.$$

进一步地, 可以验证, $S^{-1}M$ 关于这样定义的加法构成一个 Abel 群.

特别地, 当 $M=R$ 时, 我们可以在 $S^{-1}R$ 上如下定义乘法:

$$\frac{r_1}{s_1}\cdot\frac{r_2}{s_2}=\frac{r_1r_2}{s_1s_2}.$$

定义 $S^{-1}R$ 与 $S^{-1}M$ 的纯量乘法为

$$\frac{r}{s}\cdot\frac{m}{t}=\frac{rm}{st}.$$

同样容易验证, 定义是合理的, 而且不难证明: $S^{-1}R$ 关于上面定义的加法和乘法构成了一个有单位元的交换环且 $S^{-1}M$ 是一个 $S^{-1}R$ 模.

定义 2.5　如上构造的环 $S^{-1}R$ 称为 R 关于 S 的**分式环**, $S^{-1}R$ 模 $S^{-1}M$ 称为 M 关于 S 的**分式模**.

例如, 若令 $\mathbb{Z}^*$ 是 $\mathbb{Z}$ 中非零元组成的集合, 则 $\mathbb{Z}^*$ 是一个乘法封闭子集, $\mathbb{Q}$ 就是 $\mathbb{Z}$ 关于 $\mathbb{Z}^*$ 的分式环.

设 $\mathfrak{p}$ 是 R 的一个素理想, 令 $S=R\setminus\mathfrak{p}$, 则 S 是 R 的一个乘法封闭子集, 此时, 我们也用 $M_{\mathfrak{p}}$ 来表示 $S^{-1}M$, 称为 M 在 $\mathfrak{p}$ 处的**局部化**. 环 $R_{\mathfrak{p}}$ 具有特殊的性质:

命题 2.11　$R_{\mathfrak{p}}$ 是局部环.

证明　令 $\mathfrak{p}R_{\mathfrak{p}}=\left\{\frac{r}{s}\mid r\in\mathfrak{p},s\notin\mathfrak{p}\right\}$, 下证: $\mathfrak{p}R_{\mathfrak{p}}$ 是 $R_{\mathfrak{p}}$ 的唯一的极大理想.

首先注意到, $\mathfrak{p}R_{\mathfrak{p}}$ 是 $R_{\mathfrak{p}}$ 的真子集且若 $\frac{r}{s}\notin\mathfrak{p}R_{\mathfrak{p}}$, 则 $\frac{r}{s}$ 是 $R_{\mathfrak{p}}$ 中的可逆元. 于是, 为证明 $\mathfrak{p}R_{\mathfrak{p}}$ 是 $R_{\mathfrak{p}}$ 的唯一的极大理想, 只需证明 $\mathfrak{p}R_{\mathfrak{p}}$ 构成一个理想. 而由 $\mathfrak{p}$ 是 R 的一个理想即可容易推得 $\mathfrak{p}R_{\mathfrak{p}}$ 是 $R_{\mathfrak{p}}$ 的一个理想. □

设 I 是 R 的一个理想, 令 $IS^{-1}R=\left\{\frac{r}{s}\mid r\in I,s\in S\right\}$, 则 $IS^{-1}R$ 是 $S^{-1}R$ 的

一个理想. 反过来, 若 J 是 $S^{-1}R$ 的一个理想, 令 $I=\left\{a\in R \mid \frac{a}{1}\in J\right\}$, 则易见, I 是 R 的一个理想且 $J=IS^{-1}R$, 即 $S^{-1}R$ 的理想都可以表示成形式 $IS^{-1}R$, 其中 I 是 R 的一个理想.

命题 2.12 若 R 是 Noether 环, 则 $S^{-1}R$ 也是 Noether 环. 从而, 对 R 的任意素理想 $\mathfrak{p}$, $R_{\mathfrak{p}}$ 是一个 Noether 局部环.

证明 设 K 是 $S^{-1}R$ 的任意一个理想, 则有 R 的理想 I 使得 $K=IS^{-1}R$. 由于 R 是 Noether 环, 所以 I 是有限生成的. 设 $I=(a_1,\cdots,a_n)$, 则 K 可以由 $\frac{a_1}{1},\cdots,\frac{a_n}{1}$ 生成. 所以, $S^{-1}R$ 是 Noether 环. □

设 $\mathfrak{p}$ 是 R 的一个素理想, 若 $\mathfrak{p}\cap S\neq\varnothing$, 则 $\mathfrak{p}S^{-1}R=S^{-1}R$; 若 $\mathfrak{p}\cap S=\varnothing$, 则易见, $\mathfrak{p}S^{-1}R$ 也是 $S^{-1}R$ 的一个素理想.

命题 2.13 映射 $\mathfrak{p}\mapsto\mathfrak{p}S^{-1}R$ 建立了 R 的与 S 不交的素理想组成的集合与 $S^{-1}R$ 的素理想组成的集合之间的一个一一对应.

证明 设 $\mathfrak{P}$ 是 $S^{-1}R$ 的一个素理想, 令 $\mathfrak{p}=\left\{a\in R \mid \frac{a}{1}\in\mathfrak{P}\right\}$, 则 $\mathfrak{p}$ 是 R 的一个理想且 $\mathfrak{P}=\mathfrak{p}S^{-1}R$. 我们来证明 $\mathfrak{p}$ 是 R 的素理想. 假设 $a,b\in R$ 使得 $ab\in\mathfrak{p}$, 则 $\frac{a}{1}\cdot\frac{b}{1}\in\mathfrak{P}$, 但 $\mathfrak{P}$ 是素理想, 所以 $\frac{a}{1}\in\mathfrak{P}$ 或者 $\frac{b}{1}\in\mathfrak{P}$, 即 $a\in\mathfrak{p}$ 或者 $b\in\mathfrak{p}$, 这就证明了 $\mathfrak{p}$ 是素理想.

注意到, 若 R 的素理想 $\mathfrak{p}$, $\mathfrak{q}$ 使得 $\mathfrak{p}S^{-1}R=\mathfrak{q}S^{-1}R$, 则 $\mathfrak{p}=\mathfrak{q}$. 所以, 映射 $\mathfrak{p}\mapsto\mathfrak{p}S^{-1}R$ 是 R 的与 S 不交的素理想组成的集合与 $S^{-1}R$ 的素理想组成的集合之间的一个一一对应. □

设 $\mathfrak{p}$ 是 R 的一个素理想, 由上述命题即得在 $R_{\mathfrak{p}}$ 的素理想与 R 的含于 $\mathfrak{p}$ 的素理想之间有一个一一对应.

定义 2.6 设 M 是 R 模, 令

$$\mathrm{Supp}_R(M)=\{\mathfrak{p}\in\mathrm{Spec}(R)\mid M_{\mathfrak{p}}\neq 0\},$$

称为 M 的**支撑集**.

命题 2.14 设 M 是有限生成的 R 模, 则

$$\mathrm{Supp}_R(M)=\{\mathfrak{p}\in\mathrm{Spec}(R)\mid\mathfrak{p}\supseteq\mathrm{Ann}_R(M)\}.$$

证明 设 $\mathfrak{p}\in\mathrm{Supp}_R(M)$, 则 $M_{\mathfrak{p}}\neq 0$. 若 $\mathfrak{p}\not\supseteq\mathrm{Ann}_R(M)$, 则存在 $s\notin\mathfrak{p}$ 使得 $sM=0$. 于是, 对任意 $\frac{m}{t}\in M_{\mathfrak{p}}$, 有

$$\frac{m}{t}=\frac{sm}{st}=\frac{0}{st}=0,$$

从而 $M_{\mathfrak{p}} = 0$, 矛盾.

另一方面, 设 $\mathfrak{p}$ 是 R 的一个素理想使得 $M_{\mathfrak{p}} = 0$. 由于 M 是有限生成的, 令 $M = (m_1, \cdots, m_n)$, 则 $\dfrac{m_i}{1} = 0, i = 1, \cdots, n$, 故有 $s_i \notin \mathfrak{p}$ 使得 $s_i m_i = 0, i = 1, \cdots, n$. 令 $s = s_1 \cdots s_n$, 则 $s \notin \mathfrak{p}$ 使得 $sm_i = 0, i = 1, \cdots, n$, 从而 $sM = 0$, 故 $s \in \mathrm{Ann}_R(M)$. 所以 $\mathfrak{p} \not\supseteq \mathrm{Ann}_R(M)$. 命题得证. □

下面的命题说明, 一个模是否为零模是一个局部性质, 即可以由每个局部化都具有的性质诱导出来.

命题 2.15　设 M 是 R 模, 则 $M = 0 \Leftrightarrow M_{\mathfrak{p}} = 0$ 对所有素理想 $\mathfrak{p}$ 都成立 $\Leftrightarrow M_{\mathfrak{m}} = 0$ 对所有极大理想 $\mathfrak{m}$ 都成立.

证明　只需证明: 若对任意极大理想 $\mathfrak{m}$ 都有 $M_{\mathfrak{m}} = 0$, 则 $M = 0$. 用反证法. 假设 $M \neq 0$, 则存在 $m \neq 0 \in M$. 于是 $\mathrm{Ann}_R(m) \neq R$. 因而, 存在 R 的极大理想 $\mathfrak{m}$ 使得 $\mathrm{Ann}_R(m) \subseteq \mathfrak{m}$. 则在 $M_{\mathfrak{m}}$ 中 $\dfrac{m}{1} \neq 0$. 因为, 否则存在 $s \notin \mathfrak{m}$ 使得 $sm = 0$, 这与 $\mathrm{Ann}_R(m) \subseteq \mathfrak{m}$ 相矛盾. 所以 $M_{\mathfrak{m}} \neq 0$. 得证. □

推论 2.7　设 M 是 R 模, 则 $M = 0 \Leftrightarrow \mathrm{Supp}_R(M) = \varnothing$.

设 $f: M \to N$ 是一个 R 模同态, 则对任意 S 有自然的 $S^{-1}R$ 模同态

$$\begin{aligned} S^{-1}f: S^{-1}M &\to S^{-1}N, \\ \frac{m}{s} &\mapsto \frac{f(m)}{s}. \end{aligned}$$

于是, 对任意素理想 $\mathfrak{p}$ 有自然的 $R_{\mathfrak{p}}$ 模同态 $f_{\mathfrak{p}}: M_{\mathfrak{p}} \to N_{\mathfrak{p}}$. $f_{\mathfrak{p}}$ 可以认为是 f 的局部化. 对一个正合列也可以进行局部化, 下面的命题断言, 正合列的局部化仍是正合列.

命题 2.16　(1) 若

$$0 \to M' \xrightarrow{f} M \xrightarrow{g} M'' \to 0$$

是正合序列, 则下列序列也是正合的:

$$0 \to S^{-1}M' \xrightarrow{S^{-1}f} S^{-1}M \xrightarrow{S^{-1}g} S^{-1}M'' \to 0.$$

(2) 一般地, 如果序列

$$M_1 \xrightarrow{f_1} M_2 \xrightarrow{f_2} \cdots \xrightarrow{f_{n-1}} M_n$$

正合, 则序列

$$M_1 \xrightarrow{S^{-1}f_1} M_2 \xrightarrow{S^{-1}f_2} \cdots \xrightarrow{S^{-1}f_{n-1}} M_n$$

也正合.

证明 (1) 是 (2) 的特殊情形. 下面来证明 (2). 对 $i=2,\cdots,n-1$, 我们来证明 $\mathrm{Im}(S^{-1}f_{i-1})=\mathrm{Ker}(S^{-1}f_i)$. 由于 $S^{-1}f_i\cdot S^{-1}f_{i-1}=S^{-1}(f_if_{i-1})=S^{-1}0=0$, 所以 $\mathrm{Im}(S^{-1}f_{i-1})\subseteq\mathrm{Ker}(S^{-1}f_i)$. 设 $\dfrac{m}{s}\in\mathrm{Ker}(S^{-1}f_i)$, 则 $\dfrac{f_i(m)}{s}=0$. 于是, 存在 $t\in S$ 使得 $tf_i(m)=0$, 即 $f_i(tm)=0$. 根据假设条件, $tm\in\mathrm{Im}(f_{i-1})$, 故有 $m'\in M_{i-1}$ 使得 $f_{i-1}(m')=tm$, 从而 $\dfrac{m}{s}=\dfrac{tm}{ts}=\dfrac{f_{i-1}(m')}{ts}=S^{-1}f_{i-1}\left(\dfrac{m'}{ts}\right)\in\mathrm{Im}(S^{-1}f_{i-1})$. 这就证明了 $\mathrm{Im}(S^{-1}f_{i-1})=\mathrm{Ker}(S^{-1}f_i)$. 命题得证. □

于是, 若 N 是 R 模 M 的子模, 则 $S^{-1}N$ 是 $S^{-1}M$ 的子模且有

$$S^{-1}(M/N)\cong S^{-1}M/S^{-1}N.$$

特别地, 若 I 是 R 的一个理想, 则对 R 的任意素理想 $\mathfrak{p}$, $I_\mathfrak{p}$ 是 $R_\mathfrak{p}$ 的一个理想且 $I_\mathfrak{p}=IR_\mathfrak{p}$.

若

$$0\to M'\to M\to M''\to 0$$

是正合序列, 则对任意素理想 $\mathfrak{p}$ 有正合列

$$0\to M'_\mathfrak{p}\to M_\mathfrak{p}\to M''_\mathfrak{p}\to 0,$$

由此即得

$$\mathrm{Supp}_R(M)=\mathrm{Supp}_R(M')\cup\mathrm{Supp}_R(M'').$$

下面的命题进一步说明, 一个同态是否是单同态或者满同态也是一个局部性质.

命题 2.17 设 M,N 是 R 模, $f\colon M\to N$ 是一个模同态, 则 f 是单同态 (满同态)$\Leftrightarrow$ 对所有素理想 $\mathfrak{p}$, $f_\mathfrak{p}$ 都是单同态 (满同态) $\Leftrightarrow$ 对所有极大理想 $\mathfrak{m}$, $f_\mathfrak{m}$ 都是单同态 (满同态).

证明 令 $\mathrm{Coker}(f)=N/\mathrm{Im}(f)$, 则 f 是单同态 (满同态) 当且仅当 $\mathrm{Ker}(f)=0$ ($\mathrm{Coker}(f)=0$). 根据命题 2.15, 这又等价于对所有素理想 $\mathfrak{p}$ 都有 $(\mathrm{Ker}(f))_\mathfrak{p}=0((\mathrm{Coker}(f))_\mathfrak{p}=0)$, 也等价于对所有极大理想 $\mathfrak{m}$ 都有 $(\mathrm{Ker}(f))_\mathfrak{m}=0((\mathrm{Coker}(f))_\mathfrak{m}=0)$. 于是, 只需证明: 对素理想 $\mathfrak{p}$ 都有

$$(\mathrm{Ker}(f))_\mathfrak{p}\cong\mathrm{Ker}(f_\mathfrak{p}),\quad (\mathrm{Coker}(f))_\mathfrak{p}\cong\mathrm{Coker}(f_\mathfrak{p}).$$

根据命题 2.16, 由正合列

$$0\to\mathrm{Ker}(f)\to M\xrightarrow{f}N,$$
$$M\xrightarrow{f}N\to\mathrm{Coker}(f)\to 0,$$

可以得到正合列

$$0 \to (\mathrm{Ker}(f))_{\mathfrak{p}} \to M_{\mathfrak{p}} \xrightarrow{f_{\mathfrak{p}}} N_{\mathfrak{p}},$$
$$M_{\mathfrak{p}} \xrightarrow{f_{\mathfrak{p}}} N_{\mathfrak{p}} \to (\mathrm{Coker}(f))_{\mathfrak{p}} \to 0.$$

由此即得

$$(\mathrm{Ker}(f))_{\mathfrak{p}} \cong \mathrm{Ker}(f_{\mathfrak{p}}), \quad (\mathrm{Coker}(f))_{\mathfrak{p}} \cong \mathrm{Coker}(f_{\mathfrak{p}}).$$

命题得证. □

习　题

1. 设 R 是一个 Noether 环, I 是 R 的一个理想, 证明：存在整数 $n>0$ 使得 $(\sqrt{I})^n \subseteq I$.

2. 证明命题 2.4.

3. 证明命题 2.5.

4. 令

$$\nu:\ R \to S^{-1}R,$$
$$r \mapsto \frac{r}{1},$$

证明：ν 是一个环同态; 若 $s \in S$, 则 $\nu(s)$ 是 $S^{-1}R$ 中的可逆元; $S^{-1}R$ 中的元素都可以表示成 $\nu(r)\nu(s)^{-1}$ 的形式.

5. 设 R 是 Noether 环, I, J 是 R 的理想, 证明：

$$S^{-1}(I:J) = S^{-1}I : S^{-1}J.$$

6. 设 M 是有限生成的 R 模, 证明：$S^{-1}M=0$ 的充要条件是存在 $s \in S$ 使得 $sM=0$.

7. 描述 $\mathbb{Z}_{(p)}$, 其中 p 是素数.

8. 证明：$\mathbb{Z}$ 作为 $\mathbb{Z}$ 模是 Noether 的但不是 Artin 的.

9. 假设 R 的所有素理想都是有限生成的, 证明：R 是 Noether 环.

10. 设 M 是 R 模, 假设 M 是 Noether 的, 证明：$R/\mathrm{Ann}_R(M)$ 是一个 Noether 环.

11. 证明：Artin 环的素理想都是极大的.

12. 证明：Artin 环只有有限多个极大理想.

13. 证明：Artin 环一定是 Noether 环.

14. 设 M 是 R 模, 对任意 S, 有一个自然的映射

$$\nu:\ M \to S^{-1}M,$$
$$m \mapsto \frac{m}{1}.$$

设 $m \in M$, 证明: 若对 R 的任意极大理想 $\mathfrak{m}$, $\nu(m)$ 在 $M_{\mathfrak{m}}$ 中都为 0, 则 $m = 0$.

15. 设 R 是 Noether 环, I 是 R 的理想, M 是有限生成的 R 模. 假设

$$\mathrm{Supp}_R(M) \subseteq \{\mathfrak{p} \in \mathrm{Spec}(R) \mid \mathfrak{p} \supseteq I\},$$

证明: 存在 $n > 0$, 使得 $I^n M = 0$.

第 3 章　代数集的分解与理想的准素分解

代数集是一个几何体, 代数集的分解是作为拓扑空间的分解. 理想的准素分解是一个纯代数的问题. 本章中, 我们将看到, 对一个代数闭域 F, F^n 中的代数集的分解与环 $F[X_1, \cdots, X_n]$ 中的理想的准素分解有着密切的联系, 我们可以由理想的准素分解来得到代数集的拓扑分解式. 另一方面, 理想的准素分解与相伴素理想有内在的关系.

3.1　代数集的分解

由 1.3 节知, 以代数集作为闭集, F^n 构成一个拓扑空间.

先来引入一般拓扑空间中的一些概念.

定义 3.1　设 X 是一个拓扑空间, Y 是 X 的一个子集. 如果 Y 不能表示成两个真闭子集的并, 则称 Y 为**不可约的**. 否则, 则称 Y 为**可约的**.

于是, 代数集 V 如果不能表示成两个不等于 V 的代数集的并, 则 V 是不可约的.

例如, 设 F 是代数闭域, 则作为 Zariski 拓扑空间, F^1 是不可约的. 这是因为, F^1 的真闭子集都是有限集, 而 F 是无限集.

定义 3.2　设 X 是一个拓扑空间, 如果 X 关于闭子集满足降链条件, 即若

$$X_1 \supseteq X_2 \supseteq \cdots$$

是 X 的一个闭子集链, 则存在 $n \geqslant 1$ 使得 $X_n = X_{n+1} = \cdots$, 我们就称 X 是一个**Noether 空间**.

命题 3.1　设 F 是一个域, 则关于 Zariski 拓扑, F^n 是一个 Noether 空间.

证明　设

$$V_1 \supseteq V_2 \supseteq \cdots$$

是 F^n 中的代数集的降链, 则有 $F[X_1, \cdots, X_n]$ 中的理想升链

$$I(V_1) \subseteq I(V_2) \subseteq \cdots.$$

由于 $F[X_1, \cdots, X_n]$ 是 Noether 环, 所以, 存在 $r \geqslant 1$ 使得 $I(V_r) = I(V_{r+1}) = \cdots$. 但 $V_i = V(I(V_i))$, 从而 $V_r = V_{r+1} = \cdots$. 这就证明了 F^n 是一个 Noether 空间. □

定理 3.1 设 X 是一个 Noether 空间, Y 是 X 的一个非空闭集, 则 Y 可分解成

$$Y = Y_1 \cup \cdots \cup Y_r,$$

其中 Y_i 是 X 的不可约闭子集, 称这样的分解式为 X 的**不可约分解式**. 进一步地, 若要求对任意 $i \neq j$ 都有 $Y_i \not\supseteq Y_j$, 则分解式中的 Y_i 是唯一确定的, 称这样的分解式为**约化的不可约分解式**, 这样的 Y_i 称为 Y 的**不可约分支**.

证明 首先证明 Y 的不可约分解式的存在性. 如果 Y 是不可约的, 则 $Y = Y$ 就是 Y 的一个不可约分解式. 如若不然, 则有 $Y = Y_1 \cup Y_2$, 其中 Y_1, Y_2 都是 Y 的真闭子集. 如果 Y_1, Y_2 都是不可约的, 则 $Y = Y_1 \cup Y_2$ 就是 Y 的一个不可约分解式; 如果 Y_1, Y_2 不都是不可约的, 则将 Y_1, Y_2 中可约的 Y_i 表示成两个真闭子集的并, 则有 $Y = Y_{11} \cup Y_{12} \cup Y_{13}$ 或者 $Y = Y_{11} \cup Y_{12} \cup Y_{13} \cup Y_{14}$. 若其中的 Y_{1i} 都是不可约的, 这样就得到了 Y 的一个不可约分解式, 若 Y_{1i} 中还有可约的, 则继续进行分解.

我们断言这样的过程只能进行有限步. 因为, 如果可以无限地进行下去, 则有 X 的一个闭子集无限降链:

$$Y \supsetneq Y_{11} \supsetneq Y_{21} \supsetneq \cdots,$$

这与 X 的 Noether 性相矛盾. 所以, 前面的过程有限步后即会终止, 即有

$$Y = Y_{k1} \cup Y_{k2} \cup \cdots \cup Y_{kr},$$

其中 $Y_{ki} (i = 1, \cdots, r)$ 都是不可约的. 这就是 Y 的一个不可约分解式. 在不可约分解式中去掉那些使得存在 $i \neq j$ 使 $Y_i \supseteq Y_j$ 的 Y_j, 即得 Y 的一个约化的不可约分解式.

再证约化的不可约分解式的唯一性. 假设

$$Y = Y_1 \cup \cdots \cup Y_r$$

和

$$Y = Y_1' \cup \cdots \cup Y_s'$$

是 Y 的两个约化的不可约分解式, 则有

$$Y_1 = Y_1 \cap Y = (Y_1 \cap Y_1') \cup \cdots \cup (Y_1 \cap Y_s'),$$

而 Y_1 是不可约的, 所以存在某个 i_1 使得 $Y_1 = Y_1 \cap Y_{i_1}'$, 故 $Y_1 \subseteq Y_{i_1}'$. 类似地, 对 Y_{i_1}', 存在某个 j_1 使得 $Y_{i_1}' \subseteq Y_{j_1}$, 从而 $Y_1 \subseteq Y_{j_1}$. 由于 $Y = Y_1 \cup \cdots \cup Y_r$ 是 Y 的约化的不可约分解式, 所以必有 $j_1 = 1$, 于是 $Y_1 = Y_{i_1}'$. 同样地, 存在

某个 i_2 使得 $Y_2 = Y'_{i_2} \cdots\cdots$ 这说明 $Y_1, \cdots, Y_r$ 中的每个 Y_j 都与 $Y'_1, \cdots, Y'_s$ 中的某个 Y_{i_j} 相等, 从而 $r \leqslant s$, $\{Y_1, \cdots, Y_r\} \subseteq \{Y'_1, \cdots, Y'_s\}$. 对称地, 也有 $s \leqslant r$, $\{Y'_1, \cdots, Y'_s\} \subseteq \{Y_1, \cdots, Y_r\}$. 因而 $r = s$, $\{Y_1, \cdots, Y_r\} = \{Y'_1, \cdots, Y'_s\}$, 这就证明了唯一性. □

于是, 由上面的命题和定理即得下面的结论.

推论 3.1　每个代数集都可以唯一地分解成有限多个互不包含的不可约代数集的并.

一个代数集何时是不可约的呢? 下面的命题回答了这个问题.

命题 3.2　设 $V \subseteq F^n$ 是代数集, 则 V 是不可约的充要条件是 $I(V)$ 是素理想.

证明　首先假设 V 是不可约的, 我们来证明 $I(V)$ 是素理想. 设 $f, g \in F[X_1, \cdots, X_n]$ 使 $fg \in I(V)$, 则有 $V \subseteq V(fg) = V(f) \cup V(g)$. 于是 $V = (V \cap V(f)) \cup (V \cap V(g))$, 但 V 是不可约的, 所以 $V = V \cap V(f)$ 或者 $V = V \cap V(g)$, 即 $V \subseteq V(f)$ 或者 $V \subseteq V(g)$, 故 $f \in I(V)$ 或者 $g \in I(V)$. 这就证明了 $I(V)$ 是素理想.

反过来, 假设 $I(V)$ 是素理想, 我们来证明 V 是不可约的. 注意到 $V = V(I(V))$. 设 $V = V_1 \cup V_2$, 其中 V_1, V_2 是两个代数集, 则 $I(V) = I(V_1) \cap I(V_2)$. 而 $I(V)$ 是素理想, 所以必有 $I(V) = I(V_1)$ 或者 $I(V) = I(V_2)$, 于是 $V = V(I(V)) = V(I(V_1)) = V_1$ 或者 $V = V(I(V)) = V(I(V_2)) = V_2$, 因而 V 是不可约的. □

3.2　理想的准素分解

代数集 $V(I)$ 是由理想 I 定义的, 能否由 I 来得到 $V(I)$ 的不可约分解式呢? 这是可能的, 我们可以由本节讨论的 I 的准素分解式来得到 $V(I)$ 的不可约分解式.

假设 R 是一个有单位元的交换环.

定义 3.3　设 $\mathfrak{q}$ 是 R 的一个理想, 若由 $ab \in \mathfrak{q}$ 但 $b \notin \mathfrak{q}$ 必有整数 $n > 0$ 使得 $a^n \in \mathfrak{q}$, 则称 $\mathfrak{q}$ 为 R 的一个**准素理想**.

例如, 在整数环 $\mathbb{Z}$ 中, 非零理想 I 是一个准素理想 $\Leftrightarrow I = (p^n)$, 其中 p 为素数, $n > 0$ 为整数.

我们先来讨论准素理想的一些性质.

命题 3.3　若 $\mathfrak{q}$ 是准素理想, 则 $\sqrt{\mathfrak{q}}$ 是包含 $\mathfrak{q}$ 的最小素理想.

证明　只需证明 $\sqrt{\mathfrak{q}}$ 是素理想. 设 $ab \in \sqrt{\mathfrak{q}}$ 但 $b \notin \sqrt{\mathfrak{q}}$, 则存在 $n > 0$ 使 $a^n b^n \in \mathfrak{q}$ 但对任意 $r > 0$ 都有 $b^r \notin \mathfrak{q}$, 于是 $b^n \notin \mathfrak{q}$. 由于 $\mathfrak{q}$ 是准素理想, 所以, 存在 $s > 0$ 使 $(a^n)^s \in \mathfrak{q}$, 即 $a^{ns} \in \mathfrak{q}$, 因而 $a \in \sqrt{\mathfrak{q}}$, 所以 $\sqrt{\mathfrak{q}}$ 是一个素理想. □

定义 3.4　设 $\mathfrak{q}$ 是准素理想, $\sqrt{\mathfrak{q}} = \mathfrak{p}$, 则称 $\mathfrak{q}$ 为 $\mathfrak{p}$ **准素的**.

注意到, 若 $\mathfrak{q}$ 是 $\mathfrak{p}$ 准素理想, $ab \in \mathfrak{q}$ 但 $b \notin \mathfrak{q}$, 则必有 $a \in \mathfrak{p}$.

命题 3.4 设 F 是代数闭域, $\mathfrak{q}$ 是 $F[X_1,\cdots,X_n]$ 的一个理想. 如果 $\mathfrak{q}$ 是准素的, 则 $V(\mathfrak{q})$ 是不可约的.

证明 根据命题 3.2, 只需证明 $I(V(\mathfrak{q}))$ 是素理想. 但根据 Hilbert 零点定理, $I(V(\mathfrak{q}))=\sqrt{\mathfrak{q}}$. 因为 $\mathfrak{q}$ 是准素理想, 所以由命题 3.3 可知, $\sqrt{\mathfrak{q}}$ 是一个素理想. 命题得证. □

命题 3.5 设 $\mathfrak{q}$ 是一个 $\mathfrak{p}$ 准素理想, $a\in R$. 若 $a\in\mathfrak{q}$, 则 $\mathfrak{q}:a=R$; 若 $a\notin\mathfrak{q}$, 则 $\mathfrak{q}:a$ 也是一个 $\mathfrak{p}$ 准素理想.

证明 若 $a\in\mathfrak{q}$, 则显然有 $\mathfrak{q}:a=R$. 下面假设 $a\notin\mathfrak{q}$.

首先注意到 $\sqrt{\mathfrak{q}:a}=\mathfrak{p}$, 这是因为, 若 $b\in\mathfrak{q}:a$, 则 $ab\in\mathfrak{q}$, 而 $a\notin\mathfrak{q}$, 故 $b\in\mathfrak{p}$, 所以 $\mathfrak{q}\subseteq\mathfrak{q}:a\subseteq\mathfrak{p}$. 从而 $\mathfrak{p}=\sqrt{\mathfrak{q}}\subseteq\sqrt{\mathfrak{q}:a}\subseteq\sqrt{\mathfrak{p}}=\mathfrak{p}$, 故 $\sqrt{\mathfrak{q}:a}=\mathfrak{p}$.

再来证明 $\mathfrak{q}:a$ 是 $\mathfrak{p}$ 准素的. 设 $bc\in\mathfrak{q}:a$ 但 $b\notin\mathfrak{q}:a$, 则 $abc\in\mathfrak{q}$ 但 $ab\notin\mathfrak{q}$. 于是, 由 $\mathfrak{q}$ 是一个 $\mathfrak{p}$ 准素理想即得 $c\in\mathfrak{p}$. 这就证明了 $\mathfrak{q}:a$ 是一个 $\mathfrak{p}$ 准素理想. □

命题 3.6 设 I 是 R 的一个理想, 如果 $\sqrt{I}$ 是一个极大理想, 则 I 是准素理想.

证明 令 $\mathfrak{m}=\sqrt{I}$. 考虑环 $\overline{R}=R/I$, 则 $\overline{\mathfrak{m}}=\mathfrak{m}/I$ 是 $\overline{R}$ 的唯一的极大理想也是唯一的素理想, 故 $(\overline{R},\overline{\mathfrak{m}})$ 是局部环. 由 $\sqrt{0}=\overline{\mathfrak{m}}$ 知 $\overline{\mathfrak{m}}$ 中的元素都是幂零元.

设 $a,b\in R$, $ab\in I$ 但 $b\notin I$, 则在 $\overline{R}$ 中, $\overline{a}\overline{b}=0$ 但 $\overline{b}\neq 0$. 若 $\overline{a}\notin\overline{\mathfrak{m}}$, 则 $\overline{a}$ 是可逆元, 从而由 $\overline{a}\overline{b}=0$ 得 $\overline{b}=0$ 矛盾. 所以 $\overline{a}\in\overline{\mathfrak{m}}$, 于是存在 $n>0$ 使得 $\overline{a}^n=0$, 即 $a^n\in I$. 因而 I 是准素理想. □

于是, 若 $\mathfrak{m}$ 是一个极大理想, 则由 $\sqrt{\mathfrak{m}^n}=\mathfrak{m}$ 即得 $\mathfrak{m}^n$ 是 $\mathfrak{m}$ 准素的.

下面, 我们来讨论 R 中的理想的准素分解问题.

定义 3.5 设 I 是 R 的一个理想, I 的**准素分解式**是指形如下列形式的分解式:

$$I=\mathfrak{q}_1\cap\cdots\cap\mathfrak{q}_r,$$

其中 $\mathfrak{q}_i(i=1,\cdots,r)$ 是准素理想. 上述准素分解式称为**约化的**, 如果 $\sqrt{\mathfrak{q}_1},\cdots,\sqrt{\mathfrak{q}_r}$ 互不相同且

$$\mathfrak{q}_i\not\supseteq\bigcap_{j\neq i}\mathfrak{q}_j,\quad i=1,\cdots,r.$$

命题 3.7 I 的准素分解式如果存在, 则一定有一个约化的准素分解式.

证明 假设 $I=\mathfrak{q}_1\cap\cdots\cap\mathfrak{q}_r$ 是 I 的一个准素分解式. 首先去掉使得 $\mathfrak{q}_i\supseteq\bigcap\limits_{j\neq i}\mathfrak{q}_j$ 的 $\mathfrak{q}_i$, 不妨假设 $\mathfrak{q}_i\not\supseteq\bigcap\limits_{j\neq i}\mathfrak{q}_j$, $i=1,\cdots,r$. 再将根 $\sqrt{\mathfrak{q}_i}$ 相同的 $\mathfrak{q}_i$ 归在一起, 我们来证明它们的交仍是 $\sqrt{\mathfrak{q}_i}$ 准素的, 从而得到 I 的一个约化的准素分解式. 不妨假设 $\mathfrak{q}_1,\cdots,\mathfrak{q}_s$ 都是 $\mathfrak{p}$ 准素的, 我们来证明 $\mathfrak{q}_1\cap\cdots\cap\mathfrak{q}_s$ 也是 $\mathfrak{p}$ 准素的.

由于 $\sqrt{\mathfrak{q}_1\cap\cdots\cap\mathfrak{q}_s}=\sqrt{\mathfrak{q}_1}\cap\cdots\cap\sqrt{\mathfrak{q}_s}=\mathfrak{p}$, 又若 $ab\in\mathfrak{q}_1\cap\cdots\cap\mathfrak{q}_s$, 但 $b\notin\mathfrak{q}_1\cap\cdots\cap\mathfrak{q}_s$, 则存在 i, $1\leqslant i\leqslant s$, 使得 $ab\in\mathfrak{q}_i$ 但 $b\notin\mathfrak{q}_i$, 因而 $a\in\sqrt{\mathfrak{q}_i}=\mathfrak{p}=\sqrt{\mathfrak{q}_1\cap\cdots\cap\mathfrak{q}_s}$, 所以 $\mathfrak{q}_1\cap\cdots\cap\mathfrak{q}_s$ 是 $\mathfrak{p}$ 准素的. 命题得证. □

先来证明准素分解的存在性.

定理 3.2　若 R 是 Noether 环, 则 R 的理想的准素分解式是存在的.

证明　我们暂时称 R 的一个理想 I 是可约的, 如果 $I=K\cap L$, 其中 K,L 是 R 的理想且 $I\subsetneq K$, $I\subsetneq L$, 不是可约的理想就称为不可约的.

首先证明 R 的理想都可以表示成有限多个不可约理想的交. 用反证法. 假设存在 R 的理想不能表示成有限多个不可约理想的交, 令 $\mathcal{S}$ 是所有这样的理想组成的集合. 由于 R 是 Noether 环, 所以 $\mathcal{S}$ 关于包含关系含有极大元, 设 I 是 $\mathcal{S}$ 的一个极大元. 如果 I 是可约的, 则 $I=K\cap J$, 其中 $I\subsetneq K$, $I\subsetneq J$. 但由 I 的极大性知 $K,J\notin\mathcal{S}$, 故 K,J 都可以表示成有限多个不可约理想的交, 从而 I 也可以表示成有限多个不可约理想的交, 这与 $I\in\mathcal{S}$ 相矛盾. 所以 I 是不可约的, 这又与 $I\in\mathcal{S}$ 相矛盾, 所以, R 的理想都可以表示成有限多个不可约理想的交.

为证明准素分解的存在性, 我们只需证明不可约理想都是准素的.

假设 I 是 R 的一个不可约理想. 设 $ab\in I$ 但 $b\notin I$, 考虑理想升链

$$I:a\subseteq I:a^2\subseteq\cdots.$$

因为 R 是 Noether 环, 所以存在 $n>0$ 使得 $I:a^n=I:a^{n+1}=\cdots$. 可以断言 $I=(I+(a^n))\cap(I+(b))$. 因为, 若 $\alpha\in(I+(a^n))\cap(I+(b))$, 则由 $\alpha\in I+(a^n)$ 得存在 $a_1\in R$ 使 $\alpha-a_1a^n\in I$, 而由 $\alpha\in I+(b)$ 得存在 $b_1\in R$ 使 $\alpha-b_1b\in I$. 由于 $ab\in I$, 所以

$$a_1a^{n+1}=a(a_1a^n-\alpha)+a(\alpha-b_1b)+b_1ab\in I,$$

从而 $a_1\in I:a^{n+1}$, 但 $I:a^{n+1}=I:a^n$, 故 $a_1a^n\in I$. 于是由 $\alpha-a_1a^n\in I$ 即得 $\alpha\in I$, 所以 $I=(I+(a^n))\cap(I+(b))$. 根据假设, I 是不可约的且 $b\notin I$, 即 $I+(b)\neq I$, 所以必有 $I+(a^n)=I$, 即 $a^n\in I$. 这就证明了 I 是一个准素理想. 定理得证. □

再来证明准素分解的唯一性.

定理 3.3　设 R 是 Noether 环, I 是 R 的一个理想, $I=\mathfrak{q}_1\cap\cdots\cap\mathfrak{q}_n$ 是 I 的一个约化的准素分解式, $\mathfrak{p}_i=\sqrt{\mathfrak{q}_i}$, $i=1,\cdots,n$, 则 $\mathfrak{p}_1,\cdots,\mathfrak{p}_n$ 恰是集合 $\{I:a\mid a\in R\}$ 中的素理想. 因而 $\mathfrak{p}_1,\cdots,\mathfrak{p}_n$ 不依赖于 I 的准素分解式, 而是由 I 所唯一决定的.

证明　注意到, 对任意 $a\in R$ 有

$$I:a=\left(\bigcap_{i=1}^n\mathfrak{q}_i\right):a=\bigcap_{i=1}^n(\mathfrak{q}_i:a)=\bigcap_{a\notin\mathfrak{q}_i}(\mathfrak{q}_i:a).$$

假设 $a \in R$ 使得 $I : a$ 是一个素理想, 则由

$$I : a = \sqrt{I : a} = \bigcap_{a \notin \mathfrak{q}_i} \sqrt{\mathfrak{q}_i : a}$$

及 $I : a$ 是素理想知存在 i 使得 $I : a = \sqrt{\mathfrak{q}_i : a}$, 而由命题 3.5 知 $\mathfrak{q}_i : a$ 是 $\mathfrak{p}_i$ 准素的, 所以 $I : a = \mathfrak{p}_i$.

对任意 i, 我们再来证明, 存在 $a \in R$ 使得 $\mathfrak{p}_i = I : a$. 由于 $\sqrt{\mathfrak{q}_i} = \mathfrak{p}_i$ 且 $\mathfrak{p}_i$ 是有限生成的, 所以存在 $m > 0$ 使得 $\mathfrak{p}_i^m \subseteq \mathfrak{q}_i$. 于是

$$\left(\bigcap_{j \neq i} \mathfrak{q}_j\right) \mathfrak{p}_i^m \subseteq \left(\bigcap_{j \neq i} \mathfrak{q}_j\right) \cap \mathfrak{p}_i^m \subseteq \bigcap_{j=1}^{n} \mathfrak{q}_j = I.$$

设 $m \geqslant 1$ 是使得 $\left(\bigcap\limits_{j \neq i} \mathfrak{q}_j\right) \mathfrak{p}_i^m \subseteq I$ 成立的最小正整数, 则 $\left(\bigcap\limits_{j \neq i} \mathfrak{q}_j\right) \mathfrak{p}_i^{m-1} \not\subseteq I$. 任取 $a \in \left(\bigcap\limits_{j \neq i} \mathfrak{q}_j\right) \mathfrak{p}_i^{m-1} \setminus I$, 则 $a\mathfrak{p}_i \subseteq I$, 故 $\mathfrak{p}_i \subseteq I : a$. 另一方面, 注意到 $a \in \bigcap\limits_{j \neq i} \mathfrak{q}_j \setminus \mathfrak{q}_i$, 于是

$$I : a = \bigcap_{a \notin \mathfrak{q}_j} (\mathfrak{q}_j : a) = \mathfrak{q}_i : a \subseteq \sqrt{\mathfrak{q}_i : a} = \mathfrak{p}_i,$$

所以 $\mathfrak{p}_i = I : a$. 定理得证. □

设 $I = \mathfrak{q}_1 \cap \cdots \cap \mathfrak{q}_n$ 是 I 的一个约化的准素分解, $\sqrt{\mathfrak{q}_i} = \mathfrak{p}_i$, $i = 1, \cdots, n$. 我们称 $\mathfrak{q}_i$ 是 I 的 $\mathfrak{p}_i$ 准素分支.

注意到, 我们所得到的准素分解的唯一性, 只是 $\mathfrak{p}_1, \cdots, \mathfrak{p}_n$ 的唯一性, 而不是 I 的准素分支的唯一性. 事实上, I 只有部分准素分支是由 I 所唯一确定的 (参见习题 10).

定理 3.4 设 F 是代数闭域, I 是 $F[X_1, \cdots, X_n]$ 的一个理想, 若

$$I = \mathfrak{q}_1 \cap \cdots \cap \mathfrak{q}_r$$

是 I 的准素分解式, 则

$$V(I) = V(\mathfrak{q}_1) \cup \cdots \cup V(\mathfrak{q}_r)$$

是 $V(I)$ 的一个不可约分解式.

证明 根据命题 3.4, $V(\mathfrak{q}_i)$ 都是不可约的, 所以 $V(I) = V(\mathfrak{q}_1) \cup \cdots \cup V(\mathfrak{q}_r)$ 是 $V(I)$ 的一个不可约分解式. □

对 F^n 中的任意代数集 V, 我们知道 $V(I(V)) = V$. 设 $I(V) = \mathfrak{q}_1 \cap \cdots \cap \mathfrak{q}_r$ 是 $I(V)$ 的一个准素分解式, 则 $V = V(I(V)) = V(\mathfrak{q}_1) \cup \cdots \cup V(\mathfrak{q}_r)$ 就是 V 的一个不

可约分解式. 这是从代数上给出了 V 的分解式, 尽管在推论 3.1 中, 从拓扑学上知道, 这样的分解式是存在的.

在 $F[x_1,\cdots,x_n]$ 中, 当 $I=(f)$ 时, 令 $f=cp_1^{r_1}\cdots p_s^{r_s}$, $c\neq 0\in F$, $p_1,\cdots,p_s$ 是互不相同的首项系数为 1 的不可约多项式, 则 $I=(p_1^{r_1})\cap\cdots\cap(p_s^{r_s})$ 就是 I 的准素分解式, $\sqrt{(p_i^{r_i})}=(p_i)$, $V(I)=V(p_1^{r_1})\cup\cdots\cup V(p_s^{r_s})$ 就是 $V(I)$ 的一个不可约分解式.

3.3 相伴素理想

假设 R 是一个有单位元的 Noether 交换环.

定义 3.6 设 M 是一个 R 模, $\mathfrak{p}$ 是 R 的一个素理想. 如果存在 $m\in M$ 使得 $\mathfrak{p}=\mathrm{Ann}_R(m)$, 则称 $\mathfrak{p}$ 为 M 的一个**相伴素理想**, M 的所有相伴素理想组成的集合记为 $\mathrm{Ass}_R(M)$.

于是, 相伴素理想是 M 的零因子理想, 即形如 $\mathrm{Ann}_R(m)(m\neq 0\in M)$ 的理想. 注意到, 若 $\mathfrak{p}=\mathrm{Ann}_R(m)$, 则 $(m)\cong R/\mathfrak{p}$.

命题 3.8 设 M 是一个非零 R 模, $\mathfrak{p}$ 是 M 的所有零因子理想组成的集合关于包含关系的一个极大元, 则 $\mathfrak{p}\in\mathrm{Ass}_R(M)$.

证明 设 $m\neq 0\in M$ 使得 $\mathfrak{p}=\mathrm{Ann}_R(m)$. 我们来证明 $\mathfrak{p}$ 是素理想.

假设 $ab\in\mathfrak{p}$ 但 $b\notin\mathfrak{p}$, 则 $abm=0$ 但 $bm\neq 0$. 注意到 $\mathrm{Ann}_R(m)\subseteq\mathrm{Ann}_R(bm)$, 则由 $\mathfrak{p}$ 的极大性得 $\mathrm{Ann}_R(bm)=\mathfrak{p}$, 因而 $a\in\mathfrak{p}$, 所以 $\mathfrak{p}$ 是素理想. □

根据命题 2.1, M 的所有零因子理想组成的集合关于包含关系的极大元是存在的, 所以我们有

$$M=0\Leftrightarrow\mathrm{Ass}_R(M)=\varnothing.$$

元素 $a\in R$ 称为 M 的一个**零因子**, 如果存在 $m\neq 0\in M$ 使得 $am=0$.

命题 3.9 设 M 是一个非零 R 模, 则 M 的零因子组成的集合就是其相伴素理想的并.

证明 只需证明, 每个零因子都含在某个相伴素理想之中. 设 a 是 M 的一个零因子, 则有 $m\neq 0\in M$ 使得 $am=0$, 因而 $(a)\subseteq\mathrm{Ann}_R(m)$. 考虑 R 的所有包含 (a) 的零因子理想组成的集合. 由于 R 是 Noether 环, 所以, 根据命题 2.1, 这个集合关于包含关系含有极大元. 再由命题 3.8, 这个包含 a 的极大元是 M 的一个相伴素理想. □

命题 3.10 设 M 是一个有限生成的非零 R 模, 则存在 M 的子模链

$$0=M_0\subsetneq M_1\subsetneq\cdots\subsetneq M_n=M$$

使得 $M_i/M_{i-1}\cong R/\mathfrak{p}_i$, 其中 $\mathfrak{p}_i$ 是素理想, $i=1,\cdots,n$.

证明 任取 $\mathfrak{p}_1 \in \mathrm{Ass}_R(M)$, 则存在 M 的子模 M_1 使得 $M_1 \cong R/\mathfrak{p}_1$. 如果 $M_1 \neq M$, 则 $M/M_1 \neq 0$. 任取 $\mathfrak{p}_2 \in \mathrm{Ass}_R(M/M_1)$, 则有 M 的子模 M_2 使得 $M_2 \supseteq M_1$ 且 $M_2/M_1 \cong R/\mathfrak{p}_2$. 若 $M_2 \neq M$, 则如此继续下去. 于是得到 M 的一个子模链

$$0 = M_0 \subsetneq M_1 \subsetneq M_2 \subsetneq \cdots.$$

而 M 是 Noether 模, 这样的子模链不能是无限的, 故有 n 使得 $M_n = M$, 得证. □

命题 3.11 设 $0 \to M' \to M \to M'' \to 0$ 是 R 模的短正合列, 则 $\mathrm{Ass}_R(M) \subseteq \mathrm{Ass}_R(M') \cup \mathrm{Ass}_R(M'')$.

证明 不妨设 M' 是 M 的子模且 $M'' = M/M'$. 设 $\mathfrak{p} \in \mathrm{Ass}_R(M)$, 则存在 M 的子模 N 使得 $R/\mathfrak{p} \cong N$. 由于 $\mathfrak{p}$ 是素理想, 所以, 对任意 $\alpha \neq 0 \in R/\mathfrak{p}$ 都有 $\mathrm{Ann}_R(\alpha) = \mathfrak{p}$, 因而, 对任意 $n \neq 0 \in N$ 都有 $\mathrm{Ann}_R(n) = \mathfrak{p}$.

如果 $M' \cap N \neq 0$, 则对任取的 $n \neq 0 \in M' \cap N$ 都有 $\mathrm{Ann}_R(n) = \mathfrak{p}$, 因而 $\mathfrak{p} \in \mathrm{Ass}_R(M')$. 如果 $M' \cap N = 0$, 则 M'' 的子模 $(N + M')/M' \cong N/(M' \cap N) = N$, 故 $\mathrm{Ass}_R(N) \subseteq \mathrm{Ass}_R(M'')$, 所以 $\mathfrak{p} \in \mathrm{Ass}_R(M'')$. 命题得证. □

定理 3.5 设 M 是一个有限生成的非零 R 模, 则 $\mathrm{Ass}_R(M)$ 是有限的.

证明 根据命题 3.10, 我们有 M 的子模链

$$0 = M_0 \subsetneq M_1 \subsetneq \cdots \subsetneq M_n = M$$

使得 $M_i/M_{i-1} \cong R/\mathfrak{p}_i$, 其中 $\mathfrak{p}_i$ 是素理想, $i = 1, \cdots, n$. 由此可得短正合列:

$$0 \to M_{n-1} \to M_n \to M_n/M_{n-1} \to 0,$$
$$0 \to M_{n-2} \to M_{n-1} \to M_{n-1}/M_{n-2} \to 0,$$
$$\cdots\cdots$$
$$0 \to M_0 \to M_1 \to M_1/M_0 \to 0.$$

对每个短正合列应用命题 3.11 且注意到 $\mathrm{Ass}_R(R/\mathfrak{p}_i) = \{\mathfrak{p}_i\}$, 即得

$$\mathrm{Ass}_R(M) = \mathrm{Ass}_R(M_n) \subseteq \{\mathfrak{p}_1, \cdots, \mathfrak{p}_n\},$$

所以, $\mathrm{Ass}_R(M)$ 是有限的. □

定理 3.6 设 I 是 R 的一个理想, $I = \mathfrak{q}_1 \cap \cdots \cap \mathfrak{q}_n$ 是 I 的一个约化的准素分解式, $\mathfrak{p}_i = \sqrt{\mathfrak{q}_i}, i = 1, \cdots, n$, 则

$$\{\mathfrak{p}_1, \cdots, \mathfrak{p}_n\} = \mathrm{Ass}_R(R/I).$$

证明 根据定理 3.3, $\mathfrak{p}_1, \cdots, \mathfrak{p}_n$ 恰是集合 $\{I : a \mid a \in R\}$ 中的素理想. 而

$$\{I : a \mid a \in R\} = \{\mathrm{Ann}_R(\alpha) \mid \alpha \in R/I\},$$

又 $\{\mathrm{Ann}_R(\alpha) \mid \alpha \in R/I\}$ 中的素理想恰是 R 模 R/I 的相伴素理想, 所以 $\mathrm{Ass}_R(R/I) = \{\mathfrak{p}_1, \cdots, \mathfrak{p}_n\}$. □

命题 3.12 设 I 是 R 的一个理想, 则 R 的每个包含 I 的素理想都包含 $\mathrm{Ass}_R(R/I)$ 中的一个素理想; 包含 I 的极小素理想恰是 $\mathrm{Ass}_R(R/I)$ 中的极小元, 所以包含 I 的极小素理想只有有限多个.

证明 设 $I = \mathfrak{q}_1 \cap \cdots \cap \mathfrak{q}_n$ 是 I 的一个约化的准素分解式, $\mathfrak{p}_i = \sqrt{\mathfrak{q}_i}, i = 1, \cdots, n$. 设 $\mathfrak{p}$ 是 R 的一个包含 I 的素理想, 则

$$\mathfrak{p} = \sqrt{\mathfrak{p}} \supseteq \sqrt{I} = \sqrt{\mathfrak{q}_1} \cap \cdots \cap \sqrt{\mathfrak{q}_n} = \mathfrak{p}_1 \cap \cdots \cap \mathfrak{p}_n,$$

于是, 存在 i, $1 \leqslant i \leqslant n$, 使得 $\mathfrak{p} \supseteq \mathfrak{p}_i \supseteq I$. 如果 $\mathfrak{p}$ 是包含 I 的极小素理想, 则 $\mathfrak{p} = \mathfrak{p}_i$. 如果 $\mathfrak{p}'$ 是 $\mathrm{Ass}_R(R/I)$ 中的极小元, 则由上面的论证, 不存在素理想 $\mathfrak{p}$ 使得 $\mathfrak{p}' \supsetneq \mathfrak{p} \supseteq I$, 所以 $\mathfrak{p}'$ 是一个包含 I 的极小素理想. 因而 R 的包含 I 的极小素理想恰是 $\mathrm{Ass}_R(R/I)$ 中的极小元. □

特别对 $I = 0$, 可以得到, R 的极小素理想都是 R 的相伴素理想.

习 题

1. 设 $\mathfrak{q}$ 是一个 $\mathfrak{p}$ 准素理想, 证明:

(1) 若 $S \cap \mathfrak{p} \neq \varnothing$, 则 $S^{-1}\mathfrak{q} = S^{-1}R$;

(2) 若 $S \cap \mathfrak{p} = \varnothing$, 则 $S^{-1}\mathfrak{q}$ 是一个 $S^{-1}\mathfrak{p}$ 准素理想.

2. 设 $I = \mathfrak{q}_1 \cap \cdots \cap \mathfrak{q}_n$ 是 I 的一个约化的准素分解式, $\mathfrak{p}_i = r(\mathfrak{q}_i), i = 1, \cdots, n$, S 是一个乘法封闭子集. 假设 $S \cap \mathfrak{p}_i = \varnothing, i = 1, \cdots, m$, 但 $S \cap \mathfrak{p}_i \neq \varnothing, i = m+1, \cdots, n$. 证明: $S^{-1}\mathfrak{q}_1 \cap \cdots \cap S^{-1}\mathfrak{q}_m$ 是 $S^{-1}I$ 的一个约化的准素分解式.

3. 证明: $\mathfrak{q} = (X, Y^3)$ 是 $F[X, Y]$ 的一个准素理想.

4. 设 I 是 R 的一个理想, 证明: I 是准素理想当且仅当 $\mathrm{Ass}_R(R/I)$ 仅含一个元素.

5. 设 $\mathfrak{p}$ 是 R 的一个素理想, 证明: $\mathfrak{p} \in \mathrm{Ass}_R(M)$ 当且仅当 $\mathfrak{p}R_{\mathfrak{p}} \in \mathrm{Ass}_{R_{\mathfrak{p}}}(M_{\mathfrak{p}})$.

6. 证明: $\mathrm{Ass}_R(M) \subseteq \mathrm{Supp}_R(M)$ 但 $\mathrm{Supp}_R(M)$ 中的极小元一定在 $\mathrm{Ass}_R(M)$ 之中.

7. 设 M 是 R 模, M 的子模 N 称为 M 的准素子模, 如果 $\mathrm{Ass}_R(M/N)$ 仅含一个元素. 如果 $\mathrm{Ass}_R(M/N) = \{\mathfrak{p}\}$, 则称 N 为 $\mathfrak{p}$ 准素的. 证明下列条件等价:

(1) N 是 M 的准素子模;

(2) $N \neq M$ 且若 a 是 M/N 的零因子, 则对任意 $x \in M/N$ 都存在 $n > 0$ 使得 $a^n x = 0$.

8. 假设 M 是有限生成的 R 模, N 是 M 的 $\mathfrak{p}$ 准素子模, 证明: $\mathrm{Ann}_R(M/N)$ 是 R 的一个 $\mathfrak{p}$ 准素理想.

9. 设 M 是 R 模, N 是 M 的子模, N 的准素分解是指下列形式的等式:

$$N = Q_1 \cap \cdots \cap Q_r,$$

其中 $Q_1, \cdots, Q_r$ 是 M 的准素子模. 假设 R 是 Noether 环, M 是有限生成的 R 模, 证明: M 的每个真子模都存在准素分解.

10. 设 R 是 Noether 环, I 是 R 的一个理想, $I = \mathfrak{q}_1 \cap \cdots \cap \mathfrak{q}_n$ 是 I 的一个约化的准素分解式, $\mathfrak{p}_i = \sqrt{\mathfrak{q}_i}$, $i = 1, \cdots, n$. $\mathfrak{p}_1, \cdots, \mathfrak{p}_n$ 中的极小元称为 I 的孤立素理想, 其他素理想称为 I 的嵌入素理想. 证明: 若 $\mathfrak{p}_i$ 是孤立素理想, 则 I 的 $\mathfrak{p}_i$ 准素分支是由 I 所唯一决定的, 即不依赖于 I 的准素分解式.

11. 设 R 是 Noether 环, $\mathfrak{p}$ 是 R 的一个素理想, $n > 0$ 为整数, 则 $\mathfrak{p}$ 是包含 $\mathfrak{p}^n$ 的唯一的极小素理想. 于是, 由习题 10, $\mathfrak{p}^n$ 的 $\mathfrak{p}$ 准素分支是唯一确定的, 称之为 $\mathfrak{p}$ 的第 n 个**符号幂**, 记为 $\mathfrak{p}^{(n)}$. 证明: $\mathfrak{p}^{(n)} = \nu^{-1}(\mathfrak{p}^n R_{\mathfrak{p}})$, 其中, $\nu: R \to R_{\mathfrak{p}}$ 是自然的环同态. 举例说明, 一般地, $\mathfrak{p}^n \neq \mathfrak{p}^{(n)}$.

12. 设 M 是一个 R 模, I 是 R 的一个理想使得 $IM = 0$. 令 $\overline{R} = R/I$, 则 M 也是一个 $\overline{R}$ 模. 证明: $\mathrm{Ass}_{\overline{R}}(M) = \{\mathfrak{p}/I \mid \mathfrak{p} \in \mathrm{Ass}_R(M)\}$. 特别地, $\mathrm{Ass}_{\overline{R}}(\overline{R}) = \{\mathfrak{p}/I \mid \mathfrak{p} \in \mathrm{Ass}_R(\overline{R})\}$.

第 4 章　维　　数

代数集作为拓扑空间可以定义其维数. 代数集的坐标环是一个 Noether 环. 对 Noether 环, 我们将建立它的维数理论, 并证明代数集的维数等于其坐标环的维数, 使得这两个维数在代数集上统一了起来.

4.1　分次环与 Hilbert 多项式

环 $R=\bigoplus_{n\geqslant 0} R_n$ 称为是一个**分次环**, 如果每个 R_n 都是加法交换群且

$$R_n\cdot R_m\subseteq R_{n+m},\quad n,m\geqslant 0.$$

于是, 若 $R=\bigoplus_{n\geqslant 0} R_n$ 是一个分次环, 则 R_0 是 R 的一个子环, 每个 R_n 都是 R_0 模.

例 4.1　设 R_0 是一个环, $R=R_0[X_1,\cdots,X_r]$ 是 R_0 上的 r 元多元多项式环. 令 R_n 是 R 中的 n 次齐次多项式组成的集合, 则 $R=\bigoplus_{n\geqslant 0} R_n$ 是一个分次环.

设 $R=\bigoplus_{n\geqslant 0} R_n$ 是一个分次环, R 模 $M=\bigoplus_{n\geqslant 0} M_n$ 称为一个**分次 $\boldsymbol{R}$ 模**, 如果每个 M_n 都是加法交换群且

$$R_n\cdot M_m\subseteq M_{n+m},\quad n,m\geqslant 0.$$

于是, 此时, 每个 M_n 都是 R_0 模. M_n 中的元素称为是次数为 n 的**齐次元**, 称 M_n 为 M 的次数为 n 的齐次分支 (部分). 注意到, 根据这个定义, 零元是任意次数的.

M 的子模 N 称为是一个分次子模, 如果 $N=\bigoplus_{n\geqslant 0}(N\cap M_n)$.

R 的分次子模称为是分次理想. 于是, R 的分次理想 I 必具有形式 $I=\bigoplus_{n\geqslant 0} I_n$, 其中, I_n 是 R_n 的子群且 $R_nI_m\subseteq I_{n+m}$, $n,m\geqslant 0$.

设 I 是 R 的一个理想, 则 I 是分次的当且仅当, 对任意 $f\in I$, 若 $f=f_{i_1}+\cdots+f_{i_r}$, 其中, $f_{i_j}\in R_{i_j}$, $j=1,\cdots,r$, 则 $f_{i_j}\in I$, $j=1,\cdots,r$.

命题 4.1　设 $R=\bigoplus_{n\geqslant 0} R_n$ 是一个分次环, 则 R 是 Noether 环当且仅当 R_0 是 Noether 环且 R 是一个有限生成的 R_0 代数.

证明　充分性. 根据假设, 有一个环满同态:

$$R_0[X_1,\cdots,X_r]\longrightarrow R.$$

而由 Hilbert 基定理, $R_0[X_1,\cdots,X_r]$ 是一个 Noether 环, 所以 R 也是一个 Noether 环.

必要性. 假设 R 是 Noether 环. 令 $R_+=\bigoplus\limits_{n>0}R_n$, 则 R_+ 是 R 的一个理想. 由 $R/R_+\cong R_0$ 即知 R_0 是 Noether 环. 又由 R 是 Noether 环知其理想 R_+ 是有限生成的, 假设 R_+ 可以由 $a_1,\cdots,a_r$ 生成, 不妨设 a_i 都是齐次的, 令 a_i 的次数为 k_i, $i=1,\cdots,r$. 再令 $R'=R_0[a_1,\cdots,a_r]$, 即 R 的由 R_0 及 $a_1,\cdots,a_r$ 生成的子环. 下面证明 $R=R'$, 从而 R 是一个有限生成的 R_0 代数.

下面对 $n\geqslant 1$ 用归纳法来证明 $R_n\subseteq R'$. 显然 $R_0\subseteq R'$. 假设 $n>0$, $\alpha\in R_n$, 则由 $\alpha\in R_+$ 知存在 $b_1,\cdots,b_r\in R$ 使得 $\alpha=b_1a_1+\cdots+b_ra_r$. 注意到, 可以假设 b_i 都是齐次的, 则 $b_i\in R_{n-k_i}$. 由 $k_i>0$ 得 $n-k_i<n$, $i=1,\cdots,r$, 故由归纳假设 $b_i\in R'$, $i=1,\cdots,r$. 因而 $\alpha\in R'$, 所以 $R_n\subseteq R'$, 于是 $R=R'$. □

先看两个特殊的分次环.

设 R 是一个 Noether 环, I 是 R 的一个理想, 令

$$\mathcal{G}_I(R)=\bigoplus_{n\geqslant 0}I^n/I^{n+1},\qquad \text{其中}I^0=R,$$
$$\mathcal{R}_I(R)=\bigoplus_{n\geqslant 0}I^nt^n,\qquad \text{其中 } t \text{ 是不定元},$$

则 $\mathcal{G}_I(R)$, $\mathcal{R}_I(R)$ 是分次环, 分别称为 I 的**相伴分次环**和**Rees 环**. 类似地, 对一个有限生成的 R 模 M, 令

$$\mathcal{G}_I(M)=\bigoplus_{n\geqslant 0}I^nM/I^{n+1}M,$$
$$\mathcal{R}_I(M)=\bigoplus_{n\geqslant 0}I^nMt^n,$$

则易见 $\mathcal{G}_I(M)$ 是分次 $\mathcal{G}_I(R)$ 模, $\mathcal{R}_I(M)$ 是分次 $\mathcal{R}_I(R)$ 模.

命题 4.2 $\mathcal{G}_I(R)$ 和 $\mathcal{R}_I(R)$ 是 Noether 分次环, $\mathcal{G}_I(M)$ 是有限生成的分次 $\mathcal{G}_I(R)$ 模, $\mathcal{R}_I(M)$ 是有限生成的分次 $\mathcal{R}_I(R)$ 模.

证明 设 $I=(a_1,\cdots,a_r)$, 则

$$\mathcal{G}_I(R)=R/I[a_1+I^2,\cdots,a_r+I^2],$$
$$\mathcal{R}_I(R)=R[a_1t,\cdots,a_rt].$$

而 R/I 和 R 都是 Noether 环, 所以由命题 4.1 即得 $\mathcal{G}_I(R)$ 和 $\mathcal{R}_I(R)$ 都是 Noether 分次环.

再令 $M=(m_1,\cdots,m_s)$, 则作为 $\mathcal{G}_I(R)$ 模, $\mathcal{G}_I(M)$ 由

$$a_1m_1+I^2M,\cdots,a_1m_s+I^2M,\cdots,a_rm_1+I^2M,\cdots,a_rm_s+I^2M$$

生成, 而作为 $\mathcal{R}_I(R)$ 模, $\mathcal{R}_I(M)$ 则由

$$a_1m_1t,\cdots,a_1m_st,\cdots,a_rm_1t,\cdots,a_rm_st$$

生成，所以 $\mathcal{G}_I(M)$ 是有限生成的分次 $\mathcal{G}_I(R)$ 模, $\mathcal{R}_I(M)$ 是有限生成的分次 $\mathcal{R}_I(R)$ 模. □

下面两个结论是很重要的.

Artin-Rees 引理 设 R 是一个 Noether 环, I 是 R 的一个理想, M 是一个有限生成的 R 模, N 是 M 的一个子模, 则存在 $k\geqslant 0$ 使得对任意 $n\geqslant k$ 都有

$$N\cap I^nM=I^{n-k}(N\cap I^kM).$$

证明 令 $\mathcal{N}=\bigoplus\limits_{n\geqslant 0}(N\cap I^nM)t^n$. 由于

$$I(N\cap I^nM)\subseteq IN\cap I^{n+1}M\subseteq N\cap I^{n+1}M,$$

所以, 作为 $\mathcal{R}_I(R)$ 模, $\mathcal{N}$ 是 $\mathcal{R}_I(M)$ 的子模. 根据命题 4.2, $\mathcal{R}_I(M)$ 是一个 Noether $\mathcal{R}_I(R)$ 模, 因而 $\mathcal{N}$ 是有限生成的 $\mathcal{R}_I(R)$ 模. 假设 $\mathcal{N}$ 可由 $\alpha_1,\cdots,\alpha_s$ 生成, 不妨设 $\alpha_1,\cdots,\alpha_s$ 都是齐次的且次数都小于 k, 则 $\mathcal{N}$ 可以由其次数小于 k 的部分 $\bigoplus\limits_{m<k}(N\cap I^mM)t^m$ 生成. 注意到, 对任意 $n\geqslant k$, $\bigoplus\limits_{m<k}(N\cap I^mM)t^m$ 所生成的子模的次数为 n 的齐次部分就是 $I^{n-k}(N\cap I^kM)t^n$. 所以, 对任意 $n\geqslant k$ 都有 $N\cap I^nM=I^{n-k}(N\cap I^kM)$. □

定理 4.1(Krull 定理) 设 R 是一个 Noether 环, I 是 R 的一个理想, M 是一个有限生成的 R 模. 如果 $I\subseteq J(R)$, 则 $\bigcap\limits_{n\geqslant 0}I^nM=0$.

证明 令 $N=\bigcap\limits_{n\geqslant 0}I^nM$. 根据 Artin-Rees 引理, 存在 $k\geqslant 0$ 使得对任意 $n\geqslant k$ 都有 $N\cap I^nM=I^{n-k}(N\cap I^kM)$. 于是, 对任意 $n>k$ 都有 $N\cap I^nM\subseteq IN$, 但 $N\cap I^nM=N$, 故 $N\subseteq IN$, 从而 $N=IN$. 于是, 由 Nakayama 引理, 得 $N=0$. 定理得证. □

下面讨论 Hilbert 多项式. 设 $M=\bigoplus\limits_{n\geqslant 0}M_n$ 是一个 Noether 分次环上的有限生成的分次模, 假设长度 $\ell(M_n)$ 都有限, 则 $g(n)=\ell(M_n)$ 是定义在整数集或充分大的整数上的一个函数. 我们将证明, $g(n)$ 与 n 是一个多项式关系, 即, 存在多项式 $f(t)$ 使得对充分大的整数 n 都有 $\ell(M_n)=f(n)$, 这个多项式就是 Hilbert 多项式.

我们需要做一些准备.

设 $i \geqslant 0$ 为整数, 则有理系数多项式

$$\binom{t+i}{i} = \frac{(t+i)(t+i-1)\cdots(t+1)}{i!} \in \mathbb{Q}[t]$$

的次数为 i 且在整数集 $\mathbb{N}$ 上的值仍在 $\mathbb{N}$ 中, 这里约定 $\binom{t}{0} = 1$.

引理 4.1 设 $f(t) \in \mathbb{Q}[t]$, 则存在有理数 $a_0, \cdots, a_d$ 使得

$$f(t) = \sum_{i=0}^{d} a_i \binom{t+i}{i}.$$

证明 令 $d = \deg f(t)$. 我们对 d 用归纳法证明, 存在有理数 $a_0, \cdots, a_d$ 使得

$$f(t) = \sum_{i=0}^{d} a_i \binom{t+i}{i}.$$

当 $d = 0$ 时, 结论显然成立. 下面假设 $d > 0$ 且结论对 $d-1$ 成立. 对 $f(t)$, 存在 $a_d \in \mathbb{Q}$ 使得 $f(t)$ 与 $a_d\binom{t+d}{d}$ 具有相同的首项. 于是 $f(t) - a_d\binom{t+d}{d}$ 的次数小于等于 $d-1$. 因而, 由归纳假设, 存在有理数 $a_1, \cdots, a_{d-1}$ 使得

$$f(t) - a_d\binom{t+d}{d} = \sum_{i=0}^{d-1} a_i \binom{t+i}{i},$$

从而

$$f(t) = \sum_{i=0}^{d} a_i \binom{t+i}{i}.$$

□

引理 4.2 设 $f(t) \in \mathbb{Q}[t]$ 是次数为 d 的多项式, 则 $f(t) - f(t-1)$ 就是次数为 $d-1$ 的多项式. 另一方面, 若 $F(n)$ 是定义在充分大的整数上的一个数值函数使得 $F(n) - F(n-1) = f(n)$ 对充分大的 n 都成立, 则存在次数为 $d+1$ 的多项式 $G(t) \in \mathbb{Q}[t]$ 使得 $F(n) = G(n)$ 对充分大的 n 都成立.

证明 由引理 4.1, 存在有理数 $a_0, \cdots, a_d$ 使得

$$f(t) = \sum_{i=0}^{d} a_i \binom{t+i}{i}.$$

由于 $\binom{t+i}{i} - \binom{t+i-1}{i} = \binom{t+i-1}{i-1}$, 所以有

$$f(t) - f(t-1) = a_d\binom{t+d-1}{d-1} + \cdots + a_1\binom{t}{0},$$

故 $f(t)-f(t-1)$ 是一个次数为 $d-1$ 的多项式.

假设存在正整数 n_0 使得

$$F(n)-F(n-1)=f(n), \quad n>n_0.$$

则对 $n>n_0$ 都有

$$\begin{aligned}F(n)&=f(n)+F(n-1)\\&=f(n)+f(n-1)+F(n-2)\\&=f(n)+f(n-1)+\cdots+f(n_0+1)+F(n_0)\\&=\sum_{i=0}^{d}a_i\left(\sum_{j=n_0+1}^{n}\binom{j+i}{i}\right)+F(n_0).\end{aligned}$$

注意到

$$\begin{aligned}\binom{n+i+1}{i+1}&=\binom{n+i}{i}+\binom{n+i}{i+1}\\&=\binom{n+i}{i}+\binom{n+i-1}{i}+\binom{n+i-1}{i+1}\\&=\sum_{j=n_0+1}^{n}\binom{j+i}{i}+\binom{n_0+i+1}{i+1}.\end{aligned}$$

所以, $F(n)=\sum_{i=0}^{d}a_i\binom{n+i+1}{i+1}+C$, 其中, C 是一个不依赖于 n 的有理数. 令 $G(t)=\sum_{i=0}^{d}a_i\binom{t+i+1}{i+1}+C$, 则 $G(t)$ 是一个次数为 $d+1$ 的有理系数多项式, 且对充分大的整数 n 都有 $F(n)=G(n)$. □

引理 4.3 设 $f(t)\in\mathbb{Q}[t]$, 则对充分大的整数 n 都有 $f(n)\in\mathbb{N}$ 的充要条件是存在唯一的整数 $a_0,\cdots,a_d$, $a_d>0$ 使得

$$f(t)=\sum_{i=0}^{d}a_i\binom{t+i}{i}.$$

证明 充分性是显然的.

再证必要性. 令 $d=\deg f(t)$, 则由引理 4.1, 存在有理数 $a_0,\cdots,a_d$ 使得

$$f(t)=\sum_{i=0}^{d}a_i\binom{t+i}{i}.$$

我们来对 d 用归纳法来证明 $a_0,\cdots,a_d$ 都是整数且 $a_d>0$. 当 $d=0$ 时, 结论显然成立. 当 $d>0$ 时, 对 $d-1$ 次多项式

$$f(t)-f(t-1)=a_d\binom{t+d-1}{d-1}+\cdots+a_1\binom{t}{0},$$

用归纳假设即得 $a_1,\cdots,a_d$ 都是整数且 $a_d>0$. 再由 $f(n)-\sum_{i=1}^{d}a_i\binom{n+i}{i}$ 对充分大的 n 都是整数即得 a_0 是整数, 从而 $a_0,\cdots,a_d$ 都是整数.

$a_0,\cdots,a_d$ 的唯一性是由于, 若 $a_0,\cdots,a_d$ 不全为零, 则 $f(t)=\sum_{i=0}^{d}a_i\binom{t+i}{i}$ 是一个非零多项式, 而非零多项式不能有无限多个根. □

定理 4.2 设 $R=\bigoplus_{n\geqslant 0}R_n$ 是一个 Noether 分次环, $M=\bigoplus_{n\geqslant 0}M_n$ 是一个有限生成的分次 R 模. 假设 R 作为 R_0 代数可以由 R_1 中的 s 个元素 $x_1,\cdots,x_s$ 生成且每个 M_n 作为 R_0 模都具有有限长度, 则存在唯一的多项式 $f(t)\in\mathbb{Q}[t]$ 使得 $\deg f(t)\leqslant s-1$, 且对充分大的 n 都有

$$f(n)=\ell(M_n).$$

这样的多项式 $f(t)$ 称为 M 的 **Hilbert 多项式**.

证明 对 s 用归纳法. 若 $s=0$, 则 $R=R_0$, 于是 M 是有限生成的 R_0 模. 假设 M 由 $m_1,\cdots,m_r$ 生成, 不妨设 m_i 都是齐次的, 若 k 是 $m_1,\cdots,m_r$ 的次数中的最大者, 则对 $n>k$ 都有 $M_n=0$, 故可令 $f(t)=0$.

下面假设 $s>0$ 且定理对 $s-1$ 成立. 我们有一个 R_0 模的正合列

$$0\to M_n'\to M_n\xrightarrow{x_s}M_{n+1}\to M_{n+1}''\to 0,$$

其中 $M_n'=0:_{M_n}x_s(=\{\alpha\in M_n\mid x_s\alpha=0\})$, $M_{n+1}''=M_{n+1}/x_sM_n$. 令 $M'=\bigoplus_{n\geqslant 0}M_n'$, $M''=\bigoplus_{n\geqslant 0}M_n''$, 则 $M'=0:_M x_s$, $M''=M/x_sM$ 分别是 M 的子模和商模, 所以 M' 和 M'' 也是有限生成的分次 R 模. 注意到, 由于 $x_sM'=0$, $x_sM''=0$, 所以 M' 和 M'' 都是分次 R/x_sR 模. 但 R/x_sR 作为 $[R/x_sR]_0$ 代数由 $[R/x_sR]_1$ 中的 $s-1$ 个元素所生成, 所以, 由归纳假设, 存在多项式 $f_i(t)\in\mathbb{Q}[t]$, $\deg f_i(t)\leqslant s-2$, $i=1,2$, 使得对充分大的 n, 有

$$f_1(n)=\ell(M_n'),\quad f_2(n)=\ell(M_n'').$$

于是, 由上面的正合列得, 存在整数 $k>0$ 使得对任意 $n\geqslant k$ 都有

$$\ell(M_{n+1})-\ell(M_n)=f_2(n+1)-f_1(n),$$

则根据引理 4.2, 存在 $f(t) \in \mathbb{Q}[t]$ 使得 $\deg f(t) \leqslant s-1$ 且对 $n > k$ 都有 $f(n) = \ell(M_n)$. 由引理 4.3 即得 $f(t)$ 的唯一性. □

例 4.2 设 F 是域, 对 $F[X_1, \cdots, X_r] = \bigoplus_{n \geqslant 0} R_n$, 由于

$$R_n = \bigoplus_{1 \leqslant i_1 \leqslant \cdots \leqslant i_n \leqslant r} F X_{i_1} \cdots X_{i_n},$$

而 R_n 的长度就是其作为向量空间的维数. 所以有

$$\ell(R_n) = \begin{pmatrix} r+n-1 \\ r-1 \end{pmatrix}.$$

定义 4.1 在定理 4.2 中, 称形式幂级数 $\sum_{n=0}^{\infty} \ell(M_n) t^n$ 为 M 的 Hilbert **级数**, 记为 $H_M(t)$.

定理 4.3 设 R 和 M 如定理 4.2 中, 则 $H_M(t)$ 是 t 的有理多项式:

$$H_M(t) = \frac{f(t)}{(1-t)^s},$$

其中 $f(t) \in \mathbb{Z}[t]$.

证明 使用定理 4.2 的证明方法, 我们来对 s 用归纳法.

若 $s = 0$, 则 $R = R_0$ 且当 n 充分大时都有 $M_n = 0$. 所以 $H_M(t) \in \mathbb{Z}[t]$, 结论成立.

再假设 $s > 0$ 且结论对 $s-1$ 成立. 则如定理 4.2 的证明中, 我们有

$$\ell(M'_n) - \ell(M_n) + \ell(M_{n+1}) - \ell(M''_{n+1}) = 0$$

对所有 $n \geqslant 0$ 都成立. 对上式乘 t 再求和得

$$tH_{M'}(t) - tH_M(t) + H_M(t) - H_{M''}(t) = g(t) \in \mathbb{Z}[t].$$

则有

$$H_M(t) = \frac{1}{1-t}(g(t) + H_{M''}(t) - tH_{M'}(t)).$$

对 M' 和 M'' 应用归纳假设, 代入即得结论对 M 也成立. 定理得证. □

例 4.3 对 $R = F[X_1, \cdots, X_r]$, 我们有 $H_R(t) = \frac{1}{(1-t)^r}$, 这是因为 $\frac{1}{1-t} = \sum_{n=0}^{\infty} t^n$, 由此即得

$$\frac{1}{(1-t)^r} = \sum_{n=0}^{\infty} \begin{pmatrix} d+r-1 \\ r-1 \end{pmatrix} t^n = \sum_{n=0}^{\infty} \ell(R_n) t^n.$$

我们来考察 M 的 Hilbert 级数与 Hilbert 多项式之间的关系. 在表达式 $\dfrac{f(t)}{(1-t)^s}$ 的分子和分母中消去公共的 $1-t$ 方幂, 令

$$H_M(t)=\frac{f(t)}{(1-t)^d},$$

其中, 若 $d>0$, 则 $f(1)\neq 0$. 再令 $f(t)=a_0+a_1t+\cdots+a_kt^k$. 由于

$$\frac{1}{(1-t)^d}=\sum_{n=0}^{\infty}\begin{pmatrix} d+n-1\\ d-1\end{pmatrix}t^n,$$

所以

$$\begin{aligned}&H_M(t)\\ &=(a_0+a_1t+\cdots+a_kt^k)\sum_{n=0}^{\infty}\begin{pmatrix} d+n-1\\ d-1\end{pmatrix}t^n\\ &=\sum_{n=0}^{\infty}\left(a_0\begin{pmatrix} d+n-1\\ d-1\end{pmatrix}+a_1\begin{pmatrix} d+n-2\\ d-1\end{pmatrix}+\cdots+a_k\begin{pmatrix} d+n-k-1\\ d-1\end{pmatrix}\right)t^n.\end{aligned}$$

则其中的关于 n 的多项式

$$a_0\begin{pmatrix} d+n-1\\ d-1\end{pmatrix}+a_1\begin{pmatrix} d+n-2\\ d-1\end{pmatrix}+\cdots+a_k\begin{pmatrix} d+n-k-1\\ d-1\end{pmatrix}$$

就是 M 的 Hilbert 多项式. 注意到, 这个多项式的次数为 $d-1$, 首项系数为 $\dfrac{f(1)}{(d-1)!}$.

4.2 代数集的维数

先来定义一般拓扑空间的维数.

定义 4.2 设 X 是一个拓扑空间, 称形如

$$Z_0\supsetneq Z_1\supsetneq\cdots\supsetneq Z_r,\ \text{其中 } Z_i \text{ 是 } X \text{ 的不可约闭子集},$$

的链为 X 的一个长度为 r 的**不可约闭子集链**. X 的不可约闭子集链的长度的上确界称为 X 的**维数**, 记为 $\dim(V)$.

代数集的维数定义为它作为 Zariski 拓扑空间的维数.

定义 4.3 设 F 是域, $V\subseteq F^n$ 是代数集, 令

$$A(V)=F[X_1,\cdots,X_n]/I(V),$$

称为 V 的**坐标环**.

不可约的代数集称为**代数簇**.

注意到, 坐标环 $A(V)$ 是一个 Noether 环, 代数簇的坐标环是一个 Noether 整环.

V 的坐标环带有 V 的很多信息, 研究 V 的坐标环 $A(V)$ 有重要意义. 例如, V 的维数这个几何性质可以表示成环 $A(V)$ 的一个代数性质.

4.3 Noether 环的维数

假设 R 是一个有单位元的交换 Noether 环.

定义 4.4 R 的素理想的序列

$$\mathfrak{p}_0 \subsetneq \mathfrak{p}_1 \subsetneq \cdots \subsetneq \mathfrak{p}_n$$

称为 R 的一个长度为 n 的素理想链. R 的**维数**就是 R 的素理想链的长度的上确界, 记为 $\dim(R)$, 即

$$\dim(R) = \sup\{n \geqslant 0 \mid \mathfrak{p}_0 \subsetneq \mathfrak{p}_1 \subsetneq \cdots \subsetneq \mathfrak{p}_n, \mathfrak{p}_i \in \mathrm{Spec}(R), i = 0, 1, \cdots, n\}.$$

设 $\mathfrak{p}$ 是 R 的一个素理想, 形如

$$\mathfrak{p}_0 \subsetneq \mathfrak{p}_1 \subsetneq \cdots \subsetneq \mathfrak{p}_n = \mathfrak{p}$$

的素理想链的长度的上确界称为 $\mathfrak{p}$ 的**高度**, 记为 $\mathrm{ht}(\mathfrak{p})$. 对 R 的一个理想 I, 定义 I 的高度为

$$\mathrm{ht}(I) = \min\{\mathrm{ht}(\mathfrak{p}) \mid \mathfrak{p} \supseteq I, \mathfrak{p} \in \mathrm{Spec}(R)\}.$$

由于包含 I 的素理想 $\mathfrak{p}$ 都有包含 I 的极小素理想 $\mathfrak{p}'$ 使得 $\mathfrak{p} \supseteq \mathfrak{p}'$(见命题 3.12), 所以也有

$$\mathrm{ht}(I) = \min\{\mathrm{ht}(\mathfrak{p}) \mid \mathfrak{p} \text{ 为包含 } I \text{ 的极小素理想}\}.$$

设 $\mathfrak{p}$ 是包含 I 的一个素理想. 我们将用 $\mathrm{ht}(\mathfrak{p}/I)$ 表示界于 I 和 $\mathfrak{p}$ 的素理想链的长度的上确界. 易见, 若 $\mathfrak{p} \subset \mathfrak{q}$ 是两个素理想, 则 $\mathrm{ht}(\mathfrak{p}) + \mathrm{ht}(\mathfrak{q}/\mathfrak{p}) \leqslant \mathrm{ht}(\mathfrak{q})$.

例 4.4 $\dim(\mathbb{Z}) = 1$, 这是因为, $\mathbb{Z}$ 的非零素理想都具有形式 (p), 其中 p 是素数, 而且对不同的素数 p, q 总有 $(p) \subsetneq (q)$. 设 F 是域, 由于 $F[X]$ 是主理想整环, 则类似地可得 $\dim(F[X]) = 1$.

定理 4.4 设 V 是一个代数集, 则 $\dim(V) = \dim(A(V))$.

证明 设 V 是 F^n 中的代数集,

$$V_0 \supsetneq V_1 \supsetneq \cdots \supsetneq V_r$$

是 V 中的不可约闭子集链. 根据命题 3.2, $I(V_i)$ 是 $F[X_1,\cdots,X_n]$ 中的素理想, $i=0,1,\cdots,r$. 又由于 $V(I(V_i))=V_i$, $i=0,1,\cdots,r$, 所以, 若 $I(V_i)=I(V_{i+1})$, 则 $V_i=V_{i+1}$, 因而 $I(V_i)\neq I(V_{i+1})$, $i=0,1,\cdots,r-1$. 于是

$$I(V_0)/I(V)\subsetneq I(V_1)/I(V)\subsetneq\cdots\subsetneq I(V_r)/I(V)$$

是 $A(V)$ 的一个长度为 r 的素理想链. 由此即得 $\dim(V)\leqslant\dim(A(V))$.

反过来, 设 $\mathfrak{p}_0\subsetneq\mathfrak{p}_1\subsetneq\cdots\subsetneq\mathfrak{p}_r$ 是 $F[X_1,\cdots,X_n]$ 中的一个包含 $I(V)$ 的素理想链. 令 $V_i=V(\mathfrak{p}_i)$, $i=0,1,\cdots,r$. 根据 Hilbert 零点定理, $I(V_i)=\sqrt{\mathfrak{p}_i}=\mathfrak{p}_i$ 是素理想, 所以 V_i 是不可约的. 又若 $V_i=V_{i+1}$, 则 $\mathfrak{p}_i=I(V_i)=I(V_{i+1})=\mathfrak{p}_{i+1}$, 所以

$$V_0\supsetneq V_1\supsetneq\cdots\supsetneq V_r$$

是 V 中的一个不可约闭子集链. 因而 $\dim(A(V))\leqslant\dim(V)$, 所以 $\dim(V)=\dim(A(V))$. □

注意到,

$$\dim(R)=\sup\{\mathrm{ht}(\mathfrak{p})\mid\mathfrak{p}\in\mathrm{Spec}(R)\},$$

又若 $\mathfrak{p}$ 是 R 的素理想, 则 $\dim(R_{\mathfrak{p}})=\mathrm{ht}(\mathfrak{p})$, 因而

$$\dim(R)=\sup\{\dim(R_{\mathfrak{m}})\mid\mathfrak{m}\text{ 是 }R\text{ 的极大理想}\},$$

其中 $R_{\mathfrak{m}}$ 是局部环.

下面重点讨论局部环的维数.

假设 $(R,\mathfrak{m})$ 是局部环, 则 $\dim(R)=\mathrm{ht}(\mathfrak{m})$ 且对任意 $\mathfrak{m}$ 准素理想 $\mathfrak{q}$ 都有 $\dim(R)=\mathrm{ht}(\mathfrak{q})$. 我们来给出 $\dim(R)$ 的两个刻画.

设 $\mathfrak{q}$ 是 R 的一个 $\mathfrak{m}$ 准素理想, 则对任意 $n\geqslant 0$, $\mathfrak{q}^n/\mathfrak{q}^{n+1}$ 是具有有限长度的 R 模. 又根据命题 4.2, $\mathcal{G}_{\mathfrak{q}}(R)$ 是 Noether 分次环. 因而, 由定理 4.2, 存在 $\mathcal{G}_{\mathfrak{q}}(R)$ 的 Hilbert 多项式 $f_{\mathfrak{q}}(t)\in\mathbb{Q}[t]$, 使得对充分大的 n 有 $f_{\mathfrak{q}}(n)=\ell(\mathfrak{q}^n/\mathfrak{q}^{n+1})$. 由于

$$\ell(R/\mathfrak{q}^n)=\ell(R/\mathfrak{q})+\ell(\mathfrak{q}/\mathfrak{q}^2)+\cdots+\ell(\mathfrak{q}^{n-1}/\mathfrak{q}^n),$$

所以, 存在多项式 $F_{\mathfrak{q}}(t)\in\mathbb{Q}[t]$, 使得对充分大的 n 有 $F_{\mathfrak{q}}(n)=\ell(R/\mathfrak{q}^n)$. 记 $F_{\mathfrak{q}}(t)$ 的次数为 $d_{\mathfrak{q}}(R)$.

如果 $\mathfrak{q}'$ 也是 R 的一个 $\mathfrak{m}$ 准素理想, 则也有 $d_{\mathfrak{q}'}(R)$, 下面来说明 $d_{\mathfrak{q}}(R)=d_{\mathfrak{q}'}(R)$.

由于 $\mathfrak{q}$ 和 $\mathfrak{q}'$ 都是 $\mathfrak{m}$ 准素的, 所以存在整数 $s,t>0$ 使得

$$\mathfrak{q}^s\subseteq\mathfrak{q}',\quad\mathfrak{q}'^t\subseteq\mathfrak{q},$$

因而, 对任意 $n>0$,

$$\ell(R/\mathfrak{q}'^n) \leqslant \ell(R/\mathfrak{q}^{sn}), \quad \ell(R/\mathfrak{q}^n) \leqslant \ell(R/\mathfrak{q}'^{tn}).$$

于是, 对充分大的 n, 有

$$F_{\mathfrak{q}'}(n) \leqslant F_{\mathfrak{q}}(sn), \quad F_{\mathfrak{q}}(n) \leqslant F_{\mathfrak{q}'}(tn),$$

则 $\deg F_{\mathfrak{q}}(t) = \deg F_{\mathfrak{q}'}(t)$, 即 $d_{\mathfrak{q}}(R) = d_{\mathfrak{q}'}(R)$, 记为 $d(R)$.

命题 4.3　设 $a \in R$ 不是零因子, 则 $d(R/(a)) \leqslant d(R)-1$.

证明　令 $\overline{R} = R/(a)$, $\overline{\mathfrak{m}} = \mathfrak{m}/(a)$, 则对任意 $n>0$ 有短正合列

$$0 \to (a)/(a)\cap\mathfrak{m}^n \to R/\mathfrak{m}^n \to \overline{R}/\overline{\mathfrak{m}}^n \to 0.$$

从而有

$$\ell(R/\mathfrak{m}^n) = \ell((a)/(a)\cap\mathfrak{m}^n) + \ell(\overline{R}/\overline{\mathfrak{m}}^n).$$

于是, 当 n 充分大时, $\ell((a)/(a)\cap\mathfrak{m}^n)$ 是 n 的多项式. 下面来说明, 当 n 充分大时, 作为 n 的多项式, $\ell((a)/(a)\cap\mathfrak{m}^n)$ 与 $\ell(R/\mathfrak{m}^n)$ 具有相同的首项.

根据 Artin-Rees 引理, 存在 $r>0$ 使得对任意 $n \geqslant r$ 都有

$$(a)\cap\mathfrak{m}^n = \mathfrak{m}^{n-r}((a)\cap\mathfrak{m}^r) \subseteq (a)\mathfrak{m}^{n-r},$$

于是, 由于 a 不是零因子, 故有 $R/\mathfrak{m}^{n-r} \cong (a)/(a)\mathfrak{m}^{n-r}$, 从而

$$\ell(R/\mathfrak{m}^{n-r}) = \ell((a)/(a)\mathfrak{m}^{n-r}) \leqslant \ell((a)/(a)\cap\mathfrak{m}^n) \leqslant \ell(R/\mathfrak{m}^n).$$

由于当 n 充分大时, 作为 n 的多项式, $\ell(R/\mathfrak{m}^{n-r})$ 与 $\ell(R/\mathfrak{m}^n)$ 具有相同的首项, 所以 $\ell((a)/(a)\cap\mathfrak{m}^n)$ 与 $\ell(R/\mathfrak{m}^n)$ 也具有相同的首项, 则由等式$\ell(R/\mathfrak{m}^n) = \ell((a)/(a)\cap\mathfrak{m}^n) + \ell(\overline{R}/\overline{\mathfrak{m}}^n)$ 即得, 当 n 充分大时, 作为 n 的多项式, $\ell(\overline{R}/\overline{\mathfrak{m}}^n)$ 的次数小于等于 $\ell(R/\mathfrak{m}^n)$ 的次数减 1, 即 $d(R/(a)) \leqslant d(R)-1$. □

命题 4.4　$\dim(R) \leqslant d(R)$.

证明　令 $d = d(R) = d_{\mathfrak{m}}(R)$, 对 d 用归纳法.

若 $d=0$, 则当 n 充分大时, $\ell(\mathfrak{m}^n/\mathfrak{m}^{n+1}) = 0$, 故存在 $n>0$ 使得 $\mathfrak{m}^n = \mathfrak{m}^{n+1}$. 于是, 根据 Nakayama 引理, $\mathfrak{m}^n = 0$. 若 $\mathfrak{p}$ 是 R 的一个素理想, 则 $\mathfrak{m}^n \subseteq \mathfrak{p}$, 从而 $\mathfrak{m} \subseteq \mathfrak{p}$, 故 $\mathfrak{p} = \mathfrak{m}$, 所以 $\dim(R) = 0$.

假设 $d>0$ 且结论对小于等于 $d-1$ 的情形都成立. 不妨设 $\dim(R)>0$. 任取 R 中的一个素理想链

$$\mathfrak{p}_0 \subsetneq \mathfrak{p}_1 \subsetneq \cdots \subsetneq \mathfrak{p}_r, \quad r>0.$$

下面来证明 $r \leqslant d$. 取 $a \in \mathfrak{p}_1 \setminus \mathfrak{p}_0$. 令 $\overline{R} = R/\mathfrak{p}_0$, R 中的元素和理想在 $\overline{R}$ 中的象以在其上加 $-$ 记, 则 $\overline{R}$ 是一个整环, $\overline{a} \neq 0$. 注意到 $\dim(\overline{R}) \leqslant \dim(R)$, 又由 $\overline{R}/\overline{\mathfrak{m}}^n \cong R/\mathfrak{m}^n + \mathfrak{p}_0$ 知 $\ell(\overline{R}/\overline{\mathfrak{m}}^n) \leqslant \ell(R/\mathfrak{m}^n)$. 从而 $d(\overline{R}) \leqslant d(R) = d$.

由于 $\overline{a}$ 不是 $\overline{R}$ 的零因子, 故根据命题 4.3, $d(\overline{R}/(\overline{a})) \leqslant d(\overline{R}) - 1 \leqslant d-1$. 对 $\overline{R}/(\overline{a})$ 用归纳假设得 $\dim(\overline{R}/(\overline{a})) \leqslant d(\overline{R}/(\overline{a})) \leqslant d-1$. 由于

$$\overline{\mathfrak{p}_1}/(\overline{a}) \subsetneq \cdots \subsetneq \overline{\mathfrak{p}_r}/(\overline{a})$$

是 $\overline{R}/(\overline{a})$ 中的一个长度为 $r-1$ 的素理想链, 所以 $r-1 \leqslant \dim(\overline{R}/(\overline{a})) \leqslant d-1$, 从而 $r \leqslant d$. 命题得证. □

注意到, 对一个局部环 R, $d(R)$ 总是有限的, 所以由命题 4.4, $\dim(R) < \infty$.

设 $\mathfrak{q}$ 是 R 的一个 $\mathfrak{m}$ 准素理想, 则 $\mathfrak{q}$ 的极小生成元组所含元素的个数是 $\delta(\mathfrak{q})$(参见 2.1 节), 令

$$\delta(R) = \min\{\delta(\mathfrak{q}) \mid \mathfrak{q} \text{ 为 } R \text{ 的 } \mathfrak{m} \text{ 准素理想}\}.$$

命题 4.5 $d(R) \leqslant \delta(R)$.

证明 设 $\mathfrak{q}$ 是 R 的一个准素理想, 令 $\delta(\mathfrak{q}) = s$, 只需证明 $d(R) \leqslant s$.

由于 $\mathfrak{q}$ 可由 s 个元素生成, 所以, 作为 $R/\mathfrak{q}$ 代数, $\mathcal{G}_{\mathfrak{q}}(R)$ 也可由 s 个生成. 于是, 根据定理 4.2, 当 n 充分大时, $\ell(\mathfrak{q}^n/\mathfrak{q}^{n+1})$ 是 n 的一个次数小于等于 $s-1$ 的多项式, 从而由引理 4.2, $\ell(R/\mathfrak{q}^n)$ 是 n 的一个次数小于等于 s 的多项式, 所以 $d_{\mathfrak{q}}(R) \leqslant s$, 因而 $d(R) \leqslant s$. □

定理 4.5 $\dim(R) = d(R) = \delta(R)$.

证明 根据命题 4.4 和命题 4.5, 为证明定理, 只需证明, 存在一个 $\mathfrak{m}$ 准素理想 $\mathfrak{q}$ 使得 $\delta(\mathfrak{q}) \leqslant \dim(R)$.

令 $d = \dim(R)$. 下面证明, 存在 $a_1, \cdots, a_d \in \mathfrak{m}$ 使 $(a_1, \cdots, a_d)$ 是一个 $\mathfrak{m}$ 准素理想, 从而 $(a_1, \cdots, a_d)$ 就是符合要求的 $\mathfrak{m}$ 准素理想.

对 $i = 1, \cdots, d$, 我们来归纳地找出 $a_1, \cdots, a_i$ 使得 $\mathrm{ht}((a_1, \cdots, a_i)) \geqslant i$. 假设 $0 < i \leqslant d$ 且已找到 $a_1, \cdots, a_{i-1}$ 使得 $\mathrm{ht}((a_1, \cdots, a_{i-1})) \geqslant i-1$. 设 $\mathfrak{p}_1, \cdots, \mathfrak{p}_s$ 是包含 $(a_1, \cdots, a_{i-1})$ 的高度为 $i-1$ 的所有极小素理想 (根据命题 3.12, 这样的素理想只有有限多个). 由于 $i-1 < d = \mathrm{ht}(\mathfrak{m})$, 所以 $\mathfrak{m} \neq \mathfrak{p}_j$, $j = 1, \cdots, s$, 从而由回避引理 $\mathfrak{m} \neq \bigcup\limits_{j=1}^{s} \mathfrak{p}_j$. 任取 $a_i \in \mathfrak{m} \setminus \bigcup\limits_{j=1}^{s} \mathfrak{p}_j$. 若素理想 $\mathfrak{p} \supseteq (a_1, \cdots, a_i)$, 则 $\mathfrak{p} \supseteq (a_1, \cdots, a_{i-1})$, 于是存在包含 $(a_1, \cdots, a_{i-1})$ 的极小素理想 $\mathfrak{p}'$ 使得 $\mathfrak{p} \supseteq \mathfrak{p}'$. 若 $\mathfrak{p}'$ 不是 $\mathfrak{p}_1, \cdots, \mathfrak{p}_s$ 中的一个, 则 $\mathrm{ht}(\mathfrak{p}') \geqslant i$, 从而 $\mathrm{ht}(\mathfrak{p}) \geqslant i$; 若 $\mathfrak{p} = \mathfrak{p}_j$, 则由于 $a_i \in \mathfrak{p} \setminus \mathfrak{p}_j$, 所以 $\mathfrak{p} \supsetneq \mathfrak{p}_j$, 因而 $\mathrm{ht}(\mathfrak{p}) > \mathrm{ht}(\mathfrak{p}_j)$, 故 $\mathrm{ht}(\mathfrak{p}) \geqslant i$.

所以, 存在 $a_1, \cdots, a_d \in \mathfrak{m}$ 使得 $\mathrm{ht}((a_1, \cdots, a_d)) \geqslant d$, 从而 $\sqrt{(a_1, \cdots, a_d)} = \mathfrak{m}$. 由此由命题 3.6 即得 $(a_1, \cdots, a_d)$ 是一个 $\mathfrak{m}$ 准素理想. □

因而, 若局部环 $(R,\mathfrak{m})$ 的维数为 d, $\mathfrak{q}$ 是一个 $\mathfrak{m}$ 准素理想, 则 $\mathcal{G}_{\mathfrak{q}}(R)$ 的 Hilbert 多项式的次数为 $d-1$ 且若 $\mathcal{G}_{\mathfrak{q}}(R)$ 的 Hilbert 级数 $H_{\mathcal{G}_{\mathfrak{q}}(R)}(t)=\dfrac{f(t)}{(1-t)^d}$, $f(1)\neq 0$, 则 $\mathcal{G}_{\mathfrak{q}}(R)$ 的 Hilbert 多项式的首项系数为 $\dfrac{f(1)}{(d-1)!}$.

推论 4.1　设 R 是一个 Noether 环 (不一定是局部环), I 是 R 的一个真理想. 如果存在 $a_1,\cdots,a_r\in R$ 使得 $I=(a_1,\cdots,a_r)$, 则对包含 I 的任意极小素理想 $\mathfrak{p}$ 都有 $\mathrm{ht}(\mathfrak{p})\leqslant r$, 从而

$$\mathrm{ht}(I)\leqslant r.$$

证明　设 $\mathfrak{p}$ 是一个包含 I 的极小素理想, 则在 Noether 局部环 $(R_{\mathfrak{p}},\mathfrak{p}R_{\mathfrak{p}})$ 中, $\sqrt{IR_{\mathfrak{p}}}=\mathfrak{p}R_{\mathfrak{p}}$, 因而 $IR_{\mathfrak{p}}$ 是一个 $\mathfrak{p}R_{\mathfrak{p}}$ 准素理想. 由于 $IR_{\mathfrak{p}}$ 可以由 r 个元素生成, 所以 $\delta(R_{\mathfrak{p}})\leqslant r$, 则由定理 4.5, $\dim(R_{\mathfrak{p}})\leqslant r$. 而 $\dim(R_{\mathfrak{p}})=\mathrm{ht}(\mathfrak{p}R_{\mathfrak{p}})=\mathrm{ht}(\mathfrak{p})$, 所以 $\mathrm{ht}(I)\leqslant\mathrm{ht}(\mathfrak{p})\leqslant r$. □

设 $(R,\mathfrak{m})$ 是一个 Noether 局部环, $\dim(R)=d$, 则存在 d 个元素 $a_1,\cdots,a_d\in\mathfrak{m}$ 使得理想 $(a_1,\cdots,a_d)$ 是 $\mathfrak{m}$ 准素的, 我们称这样的 $a_1,\cdots,a_d$ 是 R 的一个**参数系**.

命题 4.6　设 $(R,\mathfrak{m})$ 是一个 d 维的 Noether 局部环, $a_1,\cdots,a_d$ 是 R 的一个参数系, 则

$$\dim(R/(a_1,\cdots,a_i))=d-i,\quad i=1,\cdots,d.$$

证明　令 $\overline{R}=R/(a_1,\cdots,a_i)$, R 中的元素和理想在 $\overline{R}$ 中的象以在其上加一记. 由于存在 $\overline{a}_{i+1},\cdots,\overline{a}_d\in\overline{\mathfrak{m}}$ 使得 $(\overline{a}_{i+1},\cdots,\overline{a}_d)$ 是 $\overline{\mathfrak{m}}$ 准素的, 所以 $\dim(\overline{R})\leqslant d-i$. 另一方面, 若 $\dim(\overline{R})=r$, 则有 $\overline{b}_1,\cdots,\overline{b}_r\in\overline{\mathfrak{m}}$ 使得 $(\overline{b}_1,\cdots,\overline{b}_r)$ 是 $\overline{\mathfrak{m}}$ 准素的, 由此即得理想 $(a_1,\cdots,a_i,b_1,\cdots,b_r)$ 是 $\mathfrak{m}$ 准素的, 所以 $\dim(R)\leqslant i+r$. 因而 $\dim(\overline{R})=d-i$. □

定理 4.6　设 R 是一个 Noether 环, 则

$$\dim(R[X_1,\cdots,X_n])=\dim(R)+n.$$

证明　只需证明 $\dim(R[X])=\dim(R)+1$. 注意到, 若 $\mathfrak{p}$ 是 R 的一个素理想, 则 $\mathfrak{p}(R[X])=\mathfrak{p}[X]$ 是 $R[X]$ 的一个素理想, 这是因为 $R[X]/\mathfrak{p}[X]\cong(R/\mathfrak{p})[X]$ 是一个整环. 令 $d=\dim(R)$. 若 $\mathfrak{p}_0\subsetneq\mathfrak{p}_1\subsetneq\cdots\subsetneq\mathfrak{p}_d$ 是 R 中的一个长度为 d 的素理想链, 则

$$\mathfrak{p}_0[X]\subsetneq\mathfrak{p}_1[X]\subsetneq\cdots\subsetneq\mathfrak{p}_d[X]\subsetneq\mathfrak{p}_d+(X)$$

是 $R[X]$ 中的一个长度为 $d+1$ 的素理想链. 因此即得 $\dim(R[X])\geqslant d+1$.

为证明 $\dim(R[X])\leqslant d+1$, 我们来证明下列结论: 设 P 是 $R[X]$ 中的一个素理想, $\mathfrak{p}=P\cap R$, 则 $\dim(R[X]_P)\leqslant\dim(R_{\mathfrak{p}})+1$.

由于 $R[X]_P = (R_\mathfrak{p}[X])_{\overline{P}}$, 其中, 素理想 $\overline{P}$ 是 P 在映射 $R[X] \to R_\mathfrak{p}[X]$ 下的像. 而 $R_\mathfrak{p}$ 是局部环, 所以, 我们只需证明如下结论: 设 $(R, \mathfrak{m}, k)$ 是一个 d 维的 Noether 局部环, P 是 $R[X]$ 中的一个素理想使得 $P \cap R = \mathfrak{m}$, 则 $\dim(R[X]_P) \leqslant d+1$.

设 $a_1, \cdots, a_d$ 是 R 的一个参数系, 令 $I = (a_1, \cdots, a_d)$, 则 I 是一个 $\mathfrak{m}$ 准素理想. 于是, 存在整数 $s > 0$ 使得 $\mathfrak{m}^s \subseteq I$. 我们有

$$(\mathfrak{m}[X])^s \subseteq \mathfrak{m}^s[X] \subseteq I[X] \subseteq \mathfrak{m}[X].$$

因而 $\mathrm{ht}(\mathfrak{m}[X]) = \mathrm{ht}(I[X])$, 而 $I[X]$ 可以由 d 个元素生成, 故由推论 4.1 有 $\mathrm{ht}(I[X]) \leqslant d$. 则

$$\begin{aligned}\dim(R[X]_P) &\leqslant \mathrm{ht}(\mathfrak{m}[X]) + \dim((R[X]/\mathfrak{m}[X])_P) \\ &\leqslant d + \dim(k[X]_P) \\ &\leqslant d + \dim(k[X]) = d+1.\end{aligned}$$

结论得证.

此外, 进一步地, 我们还可以区分何时 $\dim(R[X]_P)$ 为 d 或者 $d+1$ ($\dim(R[X]_P) \geqslant d$ 是容易看出的), 这取决于 $\dim(k[X]_P)$ 为 0 或者 1. 令 P' 是 P 在 $k[X]$ 中的像, 则由 $k[X]$ 是主理想整环知 P' 为零或者由 $k[X]$ 中的一个首项系数为 1 的不可约多项式 f 生成. 回到 $R[X]$ 中, 即, $P = \mathfrak{m}[X]$ 或者 $P = \mathfrak{m}[X] + (f)$. 当 $P = \mathfrak{m}[X]$ 时, $\dim(R[X]_P) = d$; 当 $P = \mathfrak{m}[X] + (f)$ 时, P 是严格包含 $\mathfrak{m}[X]$ 的素理想, 此时 $\dim(R[X]_P) = d+1$. □

于是, 若 F 是域, 则 $\dim(F[X_1, \cdots, X_n]) = n$.

回过头看定理 4.4. 设 F 是一个代数闭域, $V \subseteq F^n$ 是一个代数集, 则由定理 4.4 有

$$\dim(V) = \dim(F[X_1, \cdots, X_n]/I(V)).$$

而

$$\begin{aligned}\dim(F[X_1, \cdots, X_n]/I(V)) = \sup\{&\dim(F[X_1, \cdots, X_n]_\mathfrak{m}/I(V)_\mathfrak{m}) \mid \\ &\mathfrak{m} \supseteq I(V) \text{ 是 } F[X_1, \cdots, X_n] \text{ 的极大理想}\}.\end{aligned}$$

由于 F 是代数闭域, 所以存在 $a_1, \cdots, a_n \in F$ 使得 $\mathfrak{m} = (X_1 - a_1, \cdots, X_n - a_n)$, 于是 $\mathfrak{m} \supseteq I(V)$ 当且仅当点 $(a_1, \cdots, a_n) \in V$. 令 $d = \dim(F[X_1, \cdots, X_n]_\mathfrak{m}/I(V)_\mathfrak{m})$. 由 $d = \delta(\mathfrak{m}F[X_1, \cdots, X_n]_\mathfrak{m}/I(V)_\mathfrak{m})$ 知点 $(a_1, \cdots, a_n)$ 局部地是由 V 中最少 d 个超平面相交得到. 而 $\dim(V)$ 则是 V 中所有点的这样的个数中的最大者.

4.4 离散赋值环

设 $(R,\mathfrak{m})$ 是一个 Noether 局部环. 假设 $\dim(R)=0$, 则 $\mathfrak{m}$ 是 R 的唯一的素理想, 于是 $\sqrt{0}=\mathfrak{m}$, 所以存在 $n>0$ 使得 $\mathfrak{m}^n=0$, 则有 R 模链:

$$R\supseteq\mathfrak{m}\supseteq\mathfrak{m}^2\supseteq\cdots\supseteq\mathfrak{m}^n=0.$$

每个 $\mathfrak{m}^i/\mathfrak{m}^{i+1}$ 都是有限维的 $R/\mathfrak{m}$ 向量空间, 从而是 Artin $R/\mathfrak{m}$ 模, 所以都是 Artin R 模, 则由上述链即得 R 是 Artin R 模, 即 R 是一个 Artin 环.

下面讨论一类特殊的维数为 1 的环.

定义 4.5 设 $(R,\mathfrak{m})$ 是一个维数为 1 的 Noether 局部环, 如果 $\mathfrak{m}$ 可以由一个元素生成, 则称 R 为**离散赋值环**.

命题 4.7 离散赋值环一定是整环.

证明 设 $(R,\mathfrak{m})$ 是离散赋值环, 则 $\mathfrak{m}=(a)$. 由于 $\mathrm{ht}(\mathfrak{m})=1$, 所以存在素理想 $\mathfrak{p}\subsetneq\mathfrak{m}$. 下面证明 $\mathfrak{p}=a\mathfrak{p}$.

设 $b\in\mathfrak{p}$, 令 $b=ab'$, $b'\in R$. 由于 $a\notin\mathfrak{p}$ 而 $\mathfrak{p}$ 是素理想, 所以必有 $b'\in\mathfrak{p}$, 从而 $b\in a\mathfrak{p}$, 所以 $\mathfrak{p}=a\mathfrak{p}$, 则由 Nakayama 引理得 $\mathfrak{p}=0$, 故 0 是 R 的素理想, 因而 R 是一个整环. □

定理 4.7 设 $(R,\mathfrak{m})$ 是一个维数为 1 的 Noether 局部整环, 则下列条件等价:

(1) R 是离散赋值环;

(2) R 的每个非零理想都是 $\mathfrak{m}$ 的一个方幂;

(3) 存在 $a\in R$ 使得 R 的每个非零理想都具有形式 $(a^k), k\geqslant 0$.

证明 (1) ⇒ (2). 令 $\mathfrak{m}=(a)$. 设 I 是 R 的一个非零理想且 $I\neq\mathfrak{m}$. 由 Krull 定理, $\bigcap\limits_{n\geqslant 0}\mathfrak{m}^n=0$, 所以存在 $n>0$ 使得 $I\subseteq\mathfrak{m}^n$ 但 $I\not\subseteq\mathfrak{m}^{n+1}$, 则存在 $b\in I$ 但 $b\notin\mathfrak{m}^{n+1}$. 由 $b\in\mathfrak{m}^n=(a^n)$ 知可令 $b=a^nb'$, $b'\in R$. 再由 $b\notin\mathfrak{m}^{n+1}$ 知 $b'\notin\mathfrak{m}$. 而 R 是局部环, 所以 b' 是 R 的一个可逆元. 因而 $a^n=(b')^{-1}b\in I$, 故 $(a^n)\subseteq I$. 另一方面我们已有 $I\subseteq\mathfrak{m}^n=(a^n)$, 则 $I=(a^n)=\mathfrak{m}^n$.

(2) ⇒ (3). 注意到 $\mathfrak{m}\neq\mathfrak{m}^2$, 否则由 Nakayama 引理 $\mathfrak{m}=0$, 这与 $\dim R=1$ 相矛盾. 于是, 存在 $a\in\mathfrak{m}\setminus\mathfrak{m}^2$. 根据假设, 对于非零理想 (a), 存在 $n>0$ 使得 $(a)=\mathfrak{m}^n$. 由于 $a\notin\mathfrak{m}^2$, 所以必有 $n=1$, 从而 $\mathfrak{m}=(a)$, 则再由假设即得, 每个非零理想都具有形式 $(a^k), k\geqslant 0$.

(3) ⇒ (1). 由假设, 存在 $a\in R$ 使得 $\mathfrak{m}=(a^k)$, 则 $\mathfrak{m}$ 可以由一个元素生成, 所以 R 是离散赋值环. □

离散赋值环与域的离散赋值有着密切的关系.

定义 4.6 设 F 是一个域, F 的**离散赋值**是满足下列条件的从 $F^*(=F\setminus\{0\})$ 到 $\mathbb{Z}$ 上的一个满射 ν:

(1) $\nu(ab)=\nu(a)+\nu(b)$, 即 ν 是一个群同态.

(2) $\nu(a+b)\geqslant\min\{\nu(a),\nu(b)\}$.

若 ν 是 F 的一个离散赋值, 则集合 $\{a\in F^*\mid\nu(a)\geqslant 0\}\cup\{0\}$ 构成 F 的一个子环, 称为 ν 的**赋值环**.

易见 $\nu(1)=0$, $\nu(a^{-1})=-\nu(a)$.

例 4.5 (1) 设 p 是一个素数, 则任意非零有理数 a 都可以唯一地表示成 $a=p^nb$, 其中 $n\in\mathbb{Z}$, b 是一个分子和分母都与 p 互素的约化有理数. 令

$$\begin{aligned}\nu_p:\ \mathbb{Q}^*&\to\mathbb{Z},\\ a&\mapsto n,\end{aligned}$$

则 ν_p 是 $\mathbb{Q}$ 的一个离散赋值. 注意到 ν_p 的赋值环是

$$\left\{a\in\mathbb{Q}^*\mid a=\frac{\alpha}{\beta},\alpha,\beta\in\mathbb{Z},\beta\text{ 与 }p\text{ 互素}\right\}\cup\{0\},$$

这正是局部环 $\mathbb{Z}_{(p)}$.

(2) 设 F 是一个域, 令 K 是 $F[X]$ 的分式域. 设 $p(X)\in F[X]$ 是一个不可约多项式. 每个 $a\in K^*$ 都可以表示成 $a=p(X)^nb$, 其中 $n\in\mathbb{Z}$, $b=\dfrac{c}{d}$, $c,d\in F[X]$, c 与 d 互素且都与 $p(X)$ 互素. 类似于 (1), 我们得到 K 的一个离散赋值 $\nu_{p(X)}$, 其赋值环是 $F[X]_{(p(X))}$.

定理 4.8 设 $(R,\mathfrak{m})$ 是一个维数为 1 的 Noether 局部整环, F 是 R 的分式域, 则 R 是离散赋值环的充要条件是 R 是 F 的某个离散赋值的赋值环.

证明 必要性. 假设 R 是离散赋值环, 则有 $a\in R$ 使得 $\mathfrak{m}=(a)$. 注意到, 对任意 $k>0$ 都有 $(a^k)\neq(a^{k+1})$, 否则由 Nakayama 引理得 $(a^k)=0$, 即 $\mathfrak{m}^k=0$, 这与 $\dim(R)=1$ 相矛盾. 于是, 对任意 $\alpha\in R^*(=R\setminus\{0\})$, 存在唯一的 k 使得 $(\alpha)=\mathfrak{m}^k=(a^k)$. 令

$$\begin{aligned}\nu:\ F^*&\to\mathbb{Z},\\ \frac{\alpha}{\beta}&\mapsto k-l,\end{aligned}$$

这里, $\alpha,\beta\in R^*,(\alpha)=(a^k),(\beta)=(a^l)$.

先来验证 ν 的定义是合理的. 如果 $\dfrac{\alpha}{\beta}=\dfrac{\alpha_1}{\beta_1}$, $(\alpha_1)=(a^{k_1}),(\beta_1)=(a^{l_1})$, 则 $\alpha\beta_1=\alpha_1\beta$, 于是 $(a^{k+l_1})=(a^{k_1+l})$, 从而 $k+l_1=k_1+l$, 所以 $k-l=k_1-l_1$.

再来验证 ν 是一个离散赋值. 设 $\alpha', \beta' \in R^*$, $(\alpha') = (a^{k'}), (\beta') = (a^{l'})$, 则有

$$\nu\left(\frac{\alpha}{\beta}\cdot\frac{\alpha'}{\beta'}\right) = \nu\left(\frac{\alpha\alpha'}{\beta\beta'}\right) = (k+k') - (l+l')$$
$$= (k-l) + (k'-l')$$
$$= \nu\left(\frac{\alpha}{\beta}\right) + \nu\left(\frac{\alpha'}{\beta'}\right).$$

对于

$$\nu\left(\frac{\alpha}{\beta} + \frac{\alpha'}{\beta'}\right) = \nu\left(\frac{\alpha\beta' + \beta\alpha'}{\beta\beta'}\right),$$

不妨设 $\nu\left(\frac{\alpha}{\beta}\right) \geqslant \nu\left(\frac{\alpha'}{\beta'}\right)$, 即 $k - l \geqslant k' - l'$, 于是 $k + l' \geqslant k' + l$, 则有 $(\alpha\beta' + \beta\alpha') \subseteq (a^{k'+l})$, 若 $(\alpha\beta' + \beta\alpha') = (a^s)$, 则 $s \geqslant k' + l$. 又 $(\beta\beta') = (a^{l+l'})$, 所以 $\nu\left(\frac{\alpha\beta' + \beta\alpha'}{\beta\beta'}\right) \geqslant (k'+l) - (l+l') = k' - l' = \nu\left(\frac{\alpha'}{\beta'}\right)$, 有

$$\nu\left(\frac{\alpha}{\beta} + \frac{\alpha'}{\beta'}\right) \geqslant \min\left\{\nu\left(\frac{\alpha}{\beta}\right), \nu\left(\frac{\alpha'}{\beta'}\right)\right\}.$$

最后说明 R 就是 ν 的赋值环. 显然, 对任意 $\alpha \in R^*$ 都有 $\nu(\alpha) \geqslant 0$. 又若 $\nu\left(\frac{\alpha}{\beta}\right) \geqslant 0$, 令 $(\alpha) = (a^k)$, $\alpha = \alpha' a^k$, $\alpha' \in R$, $(\beta) = (a^l)$, $\beta = \beta' a^l$, $\beta' \in R$, 则 $\alpha', \beta' \notin \mathfrak{m}$, 从而都是 R 中的可逆元, 于是 $\frac{\alpha}{\beta} = \alpha'(\beta')^{-1}a^{k-l} \in R$. 必要性得证.

充分性. 假设 R 是 F 的离散赋值 ν 的赋值环. 首先证明:

$$\mathfrak{m} = \{a \in F^* \mid \nu(a) > 0\} \cup \{0\}.$$

由于 $\mathfrak{m}$ 中的元素都是 R 中的非可逆元, 只需证明, 对 $a \in R^*$, $\nu(a) = 0$ 当且仅当 a 是 R 中的可逆元. 若 a 是 R 中的可逆元, 则 $\nu(a^{-1}) \geqslant 0$, 但 $\nu(a) + \nu(a^{-1}) = \nu(aa^{-1}) = \nu(1) = 0$, 故必有 $\nu(a) = 0$. 反过来, 若 $\nu(a) = 0$, 则 $\nu(a^{-1}) = -\nu(a) = 0$, 所以 $a^{-1} \in R$, 于是 a 是 R 中的可逆元.

由于 ν 是 F^* 到 $\mathbb{Z}$ 的满射, 故存在 $a \in F^*$ 使得 $\nu(a) = 1$. 由上面的结论知 $a \in \mathfrak{m}$. 对任意 $b \in \mathfrak{m}$, 令 $\nu(b) = n$, 则 $\nu(a^n b^{-1}) = 0$, 所以 $a^n b^{-1}$ 是 R 中的可逆元, 故 $b \in (a^n)$. 因而 $\mathfrak{m} = (a)$, 则由定义, R 是一个离散赋值环. □

习 题

1. 设 $M = \bigoplus_{n\geqslant 0} M_n$ 是一个分次 R 模, N 是 M 的子模, 证明下列结论等价:

(1) N 是 M 的分次子模;

(2) N 是由某些齐次元生成的;

(3) 若 $m_{i_1}+\cdots+m_{i_k}\in N$, 其中 $m_{i_j}\in M_{i_j}$, $j=1,\cdots,k$, 则必有 $m_{i_j}\in N$, $j=1,\cdots,k$.

2. 设 $(R,\mathfrak{m})$ 是局部环, $a\in\mathfrak{m}$ 不是零因子, 证明 $\dim(R/(a))=\dim(R)-1$.

3. 设 I 是 R 的一个理想, 证明:

$$\dim(R/I)+\mathrm{ht}(I)\leqslant\dim(R).$$

4. 设 R 是 Noether 环, $\mathfrak{p}$ 是 R 的素理想, 证明 $\mathrm{ht}(\mathfrak{p})<\infty$.

5. 证明: Noether 环的素理想的降链总是稳定的.

6. 设 R 是一个整环, 如果对 R 的分式域中的任意元素 α 都有

$$\text{若 }\alpha\notin R,\text{ 则 }\alpha^{-1}\in R,$$

则称 R 为一个**赋值环**. 证明:

(1) 如果 R 是赋值环, 则对 R 的任意两个理想 I,J 都有 $I\subseteq J$ 或者 $J\subseteq I$;

(2) 设 R 是一个赋值环但不是域, 则 R 是离散赋值环的充要条件是 R 是 Noether 环.

7. 设 R 是一个 Noether 局部环, I 是 R 的一个真理想. 假设 $\mathcal{G}_I(R)$ 是整环, 证明: R 也是整环.

8. 设 $(R,\mathfrak{m})$ 是一个 Noether 局部环, M 是一个有限生成的 R 模, N 是 M 的一个子模. 证明:

$$\bigcap_{n>0}(N+\mathfrak{m}^nM)=N.$$

9. 设 R 是 Noether 整环, 证明: R 是唯一分解整环当且仅当 R 的每个高度为 1 的素理想都是主理想.

第 5 章　重复度与代数曲线的局部性质

在例 1.1~ 例 1.4 中, 我们看到, 代数曲线上的一点可以是非奇异的, 从而有切线; 也可以是奇异的. 在奇异点处, 曲线的奇异程度可能是不同的. 局部地看, 这奇异程度就是曲线在这一点处的重复程度. 在代数曲线上的一点, 有一个 Noether 局部环. 我们将用这个局部环来讨论曲线在这一点的 (几何) 重复程度.

5.1 重　复　度

设 $(R,\mathfrak{m})$ 是一个 d 维的 Noether 局部环, $\mathfrak{q}$ 是 R 的一个 $\mathfrak{m}$ 准素理想, $\mathcal{G}_{\mathfrak{q}}(R)=\bigoplus\limits_{n\geqslant 0}\mathfrak{q}^n/\mathfrak{q}^{n+1}$ 是 $\mathfrak{q}$ 的相伴分次环, 则 $\mathcal{G}_{\mathfrak{q}}(R)$ 的 Hilbert 级数具有形式 $\dfrac{f(t)}{(1-t)^d}$, 其中, $f(t)\in\mathbb{Z}[t]$ 且当 $d>0$ 时有 $f(1)\neq 0$. 由此得到 $\mathcal{G}_{\mathfrak{q}}(R)$ 的 Hilbert 多项式的次数为 $d-1$ 且其首项系数为 $\dfrac{f(1)}{(d-1)!}$. 于是, 我们有次数为 d 的多项式 $F_{\mathfrak{q}}(t)$ 使得对充分大的 n 有 $F(n)=\ell(R/\mathfrak{q}^n)$ 且 $F_{\mathfrak{q}}(t)$ 具有形式:

$$F_{\mathfrak{q}}(t)=\frac{f(1)}{d!}t^d+\text{低次项}.$$

由于对充分大的 n 都有 $F_{\mathfrak{q}}(n)>0$, 所以必有 $f(1)>0$. 因而有正整数 $e(\mathfrak{q})$ 使得

$$F_{\mathfrak{q}}(t)=\frac{e(\mathfrak{q})}{d!}t^d+\text{低次项}.$$

定义 5.1　称 $e(\mathfrak{q})$ 为 $\mathfrak{q}$ 的**重复度**; 记 $e(\mathfrak{m})$ 为 $e(R)$, 也称之为 R 的重复度.

假设 $R=\bigoplus\limits_{n\geqslant 0}R_n$ 是一个 Noether 分次环, R_0 是域且 R 是由 R_1 在 R_0 上生成的, 即, $R=R_0[R_1]$. 令 $\mathfrak{m}=\bigoplus\limits_{n>0}R_n$, 则 $\mathfrak{m}$ 是 R 的唯一的分次极大理想. 注意到, $\mathfrak{m}^i=\bigoplus\limits_{n\geqslant i}R_n$, 由此即得 $\mathcal{G}_{\mathfrak{m}}(R)=R$. 所以, 若 R 的 Hilbert 级数具有形式 $\dfrac{f(t)}{(1-t)^d}$(其中, 当 $d>0$ 时有 $f(1)\neq 0$), 则 $e(R)=e(\mathfrak{m})=f(1)$.

下面, 我们重点讨论 1 维的 Noether 局部环的重复度.

命题 5.1　如果 $d=1$, 则对充分大的 n 有 $e(\mathfrak{q})=\ell(\mathfrak{q}^n/\mathfrak{q}^{n+1})$.

证明　由于 $d=1$, 所以有

$$F_{\mathfrak{q}}(t)=e(\mathfrak{q})t+c,\quad c\in\mathbb{Q}.$$

对充分大的 n, 有

$$\ell(R/\mathfrak{q}^n) = F_{\mathfrak{q}}(n),$$

于是, 当 n 充分大时

$$\begin{aligned}\ell(\mathfrak{q}^n/\mathfrak{q}^{n+1}) &= \ell(R/\mathfrak{q}^{n+1}) - \ell(R/\mathfrak{q}^n) \\ &= F_{\mathfrak{q}}(n+1) - F_{\mathfrak{q}}(n) \\ &= e(\mathfrak{q}).\end{aligned}$$

□

5.2 代数曲线的局部环

以下, 总假设 F 是一个代数闭域.

设 $f(X,Y) \in F[X,Y]$ 是一个不可约多项式. 令 $V = V(f) \subseteq F^2$, 则由 Hilbert 零点定理, $I(V) = r((f)) = (f)$. 于是, V 的坐标环为

$$A(V) = F[X,Y]/I(V) = F[X,Y]/(f).$$

命题 5.2 $\dim(F[X,Y]/(f)) = 1$, 因而 $\dim V(f) = 1$.

证明 由定理 4.5, $\dim F[X,Y] = 2$, 而 (f) 是一个非零的素理想, 所以 $\dim(F[X,Y]/(f)) \leqslant 1$. 为证明 $\dim(F[X,Y]/(f)) = 1$, 只需说明在 $F[X,Y]$ 中存在严格包含 (f) 的素理想即可.

设 $\mathfrak{m} \supseteq (f)$ 是 $F[X,Y]$ 的一个极大理想, 则由于 F 是代数闭域, 故存在 $a, b \in F$ 使得 $\mathfrak{m} = (X-a, Y-b)$. 注意到 $\mathfrak{m} \neq (f)$, 否则 $f \mid X-a$ 且 $f \mid Y-b$, 故 f 是 $X-a$ 和 $Y-b$ 的公因式. 而 $X-a$ 与 $Y-b$ 是互素的, 矛盾. 命题得证. □

定义 5.2 $V(f)$ 称为由 f 定义的**代数曲线**, 记为 C_f. C_f 的坐标环 $F[X,Y]/(f)$ 记为 $F[C_f]$. 这是一个 Noether 整环, 其分式域记为 $F(C_f)$.

对任意 $g(X,Y) \in F[X,Y]$, 令 $\overline{g(X,Y)} = g(X,Y) + (f) \in F[C_f]$. 每个 $\overline{g(X,Y)} \in F[C_f]$ 诱导出 C_f 上的一个代数函数:

$$\begin{aligned}\overline{g(X,Y)}:\ C_f(\subseteq F^2) &\to F, \\ (a,b) &\mapsto g(a,b).\end{aligned}$$

这个定义是合理的: 若 $\overline{g_1(X,Y)} = \overline{g_2(X,Y)}$, 则 $g_1(X,Y) - g_2(X,Y) \in (f)$, 因而, 对任意 $(a,b) \in C_f$, 都有 $g_1(a,b) - g_2(a,b) = 0$, 即 $g_1(a,b) = g_2(a,b)$.

$F(C_f)$ 中的元素称为 C_f 上的**有理函数**.

注意到, 对有理函数 $\overline{\dfrac{g_1(X,Y)}{g_2(X,Y)}}$, 若类似地定义

$$\overline{\frac{g_1(X,Y)}{g_2(X,Y)}}:\ C_f\to F,$$
$$(a,b)\mapsto\frac{g_1(a,b)}{g_2(a,b)},$$

则 $\overline{\dfrac{g_1(X,Y)}{g_2(X,Y)}}$ 在 C_f 上可能有极点.

定义 5.3　设 $\tilde h(X,Y)\in F(C_f)$, $P=(a,b)\in C_f$. $\tilde h(X,Y)$ 称为在点 P 处是**有定义的**, 如果存在 $\overline{g_1(X,Y)},\overline{g_2(X,Y)}\in F[C_f]$ 使得

$$\tilde h(X,Y)=\overline{\frac{g_1(X,Y)}{g_2(X,Y)}},\ 其中 g_2(a,b)\neq 0.$$

此时, 令 $\tilde h(a,b)=\dfrac{g_1(a,b)}{g_2(a,b)}$.

注意到, 若 $\tilde h(X,Y)$ 在点 P 处有定义, 则值 $\tilde h(a,b)$ 与 $\overline{g_1(X,Y)}$,$\overline{g_2(X,Y)}$ 的选取无关.

$F(C_f)$ 中所有在点 P 处有定义的有理函数组成的集合记为 $\mathcal{O}_P(C_f)$, 则容易验证 $\mathcal{O}_P(C_f)$ 是 $F(C_f)$ 的一个子环, 称为 $\boldsymbol{C_f}$ **在** $\boldsymbol{P}$ **处的局部环**.

定理 5.1　$\mathcal{O}_P(C_f)=F[C_f]_{(\overline{X-a},\overline{Y-b})}$, 因而 $\mathcal{O}_P(C_f)$ 是一个 Noether 局部环.

证明　由于点 $P=(a,b)$ 在 C_f 上, 所以 $(f)\subseteq(X-a,Y-b)$, 因而 $(\overline{X-a},\overline{Y-b})$ 是 $F[C_f]$ 的一个极大理想, 从而 $F[C_f]_{(\overline{X-a},\overline{Y-b})}$ 是一个 Noether 局部环.

注意到, 对任意 $\overline{g(X,Y)}\in F[C_f]$, 有

$$\overline{g(X,Y)}\notin(\overline{X-a},\overline{Y-b})\Leftrightarrow g(a,b)\neq 0.$$

由于

$$\begin{aligned}F[C_f]_{(\overline{X-a},\overline{Y-b})}&=\left\{\overline{\frac{g_1(X,Y)}{g_2(X,Y)}}\mid\overline{g_2(X,Y)}\notin(\overline{X-a},\overline{Y-b})\right\}\\&=\left\{\overline{\frac{g_1(X,Y)}{g_2(X,Y)}}\mid g_2(a,b)\neq 0\right\},\end{aligned}$$

所以 $F[C_f]_{(\overline{X-a},\overline{Y-b})}\subseteq\mathcal{O}_P(C_f)$.

另一方面, 若 $\tilde h(X,Y)\in\mathcal{O}_P(C_f)$, 则

$$\tilde h(X,Y)=\overline{\frac{g_1(X,Y)}{g_2(X,Y)}},\quad g_2(a,b)\neq 0.$$

由 $g_2(a,b) \neq 0$ 知 $\overline{g_2(X,Y)} \notin (\overline{X-a}, \overline{Y-b})$, 所以 $\tilde{h}(X,Y) \in F[C_f]_{(\overline{X-a},\overline{Y-b})}$. 因而

$$\mathcal{O}_P(C_f) = F[C_f]_{(\overline{X-a},\overline{Y-b})}. \qquad \square$$

记 $\mathcal{O}_P(C_f)$ 的极大理想为 $\mathfrak{m}_P(C_f)$.

5.3 代数曲线上的点的奇异性质

我们知道, 在实平面上, 由方程 $f(X,Y)=0$ 定义的曲线在一点 (a,b) 处有切线的充要条件是 $f_X(a,b) \neq 0$ 或 $f_Y(a,b) \neq 0$. 此时, 曲线在这点的切线的方程是

$$f_X(a,b)(X-a) + f_Y(a,b)(Y-b) = 0.$$

对 $g(X,Y) \in F[X,Y]$, 类似于一元多项式, 可以分别将 Y 和 X 看成是常数来定义 $g(X,Y)$ 关于 X 和 Y 的偏导数 $g_X(X,Y)$ 和 $g_Y(X,Y)$.

定义 5.4 设 $f(X,Y) \in F[X,Y]$ 是一个不可约多项式, $P=(a,b)$ 是代数曲线 C_f 上的一点. 如果 $f_X(a,b) \neq 0$ 或者 $f_Y(a,b) \neq 0$, 则称 P 为 C_f 的一个**非奇异点**, 不是非奇异的点称为**奇异点**.

定理 5.2 C_f 上只可能有有限多个奇异点.

证明 只需证明 $V(f) \cap V(f_X) \cap V(f_Y)$ 是有限集.

首先证明: f 与 f_X 互素或者 f 与 f_Y 互素. 用反证法, 假若不然, 我们来得出矛盾. 由于 f 是不可约的, 所以必有 f 整除 f_X 同时也整除 f_Y. 当 $\mathrm{char}F=0$(也记 $\mathrm{char}F=\infty$) 时, 比较多项式的次数即可发现这是不可能的. 当 $\mathrm{char}F=p>0$ 时, 必有 $f_X=f_Y=0$, 则 $f=f_1(X^p,Y^p)$, $f_1 \in F[X,Y]$. 由于 F 是代数闭域, 所以 f_1 的系数都可以表示成某个元素的 p 次方幂的形式, 因而 $f=(f_2(X,Y))^p$, $f_2(X,Y) \in F[X,Y]$, 这与 f 是不可约多项式相矛盾, 所以 f 与 f_X 互素或者 f 与 f_Y 互素.

不妨假设 f 与 f_X 互素, 我们来证明 $V(f) \cap V(f_X)$ 是有限集, 从而 $V(f) \cap V(f_X) \cap V(f_Y)$ 是有限集.

注意到, 由 f 与 f_X 在 $F[X,Y]$ 中互素可得, f 与 f_X 在 $F(X)[Y]$ 中也是互素的, 这是因为, 若 $h(Y) \in F(X)[Y]$ 是 f 与 f_X 在 $F(X)[Y]$ 中的一个 (关于 Y 的) 次数大于 0 的公因式, 则有 $h_1(Y), h_2(Y) \in F(X)[Y]$ 使得 $f=h(Y)h_1(Y)$, $f_X=h(Y)h_2(Y)$. 将 $h(Y), h_1(Y), h_2(Y)$ 的系数表示成 $F[X]$ 中的多项式的分式形式, 我们发现, 存在 $h(X,Y), l_1(X,Y), l_2(X,Y) \in F[X,Y]$, $g_1(X), g_2(X) \in F[X]$, 其中 $h(X,Y)$ 关于 Y 的次数大于 0, 使得

$$g_1(X)f(X,Y)=h(X,Y)l_1(X,Y),$$
$$g_2(X)f_X(X,Y)=h(X,Y)l_2(X,Y).$$

将上式中的多项式都分解成不可约多项式的乘积的形式. 设 $p(X,Y)$ 是 $h(X,Y)$ 的一个关于 Y 的次数大于 0 的不可约因式 (由 $h(X,Y)$ 关于 Y 的次数大于 0 知这样的因式是存在的), 则由上式得 $p(X,Y) \mid f(X,Y)$ 且 $p(X,Y) \mid f_X(X,Y)$, 这与 f 与 f_X 在 $F[X,Y]$ 中互素相矛盾, 所以, f 与 f_X 在 $F(X)[Y]$ 中是互素的.

因而存在 $u, v \in F(X)[Y]$ 使得

$$uf + vf_X = 1.$$

取 $w \neq 0 \in F[X]$ 使 $wu, wv \in F[X,Y]$, 则由 $(wu)f + (wv)f_X = w$ 知, 若 $(a,b) \in V(f) \cap V(f_X)$, 则 $w(a) = 0$. 而 $w(X)$ 只有有限多个根, 所以使得 $(a,b) \in V(f) \cap V(f_X)$ 的 a 只能有有限多个. 对称地, 这样的 b 也只能有有限多个, 所以 $V(f) \cap V(f_X)$ 是有限集. 定理得证. □

曲线在其上一点处的奇异程度可能是不同的. 例如, 看下面的两个曲线 (图 5.1、图 5.2).

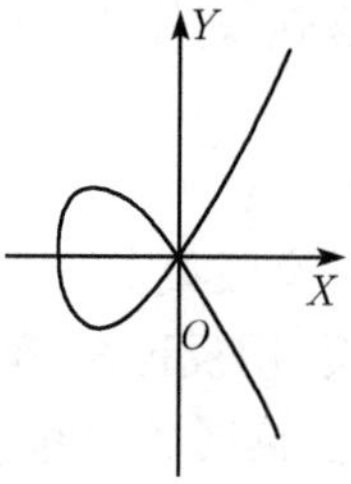

图 5.1

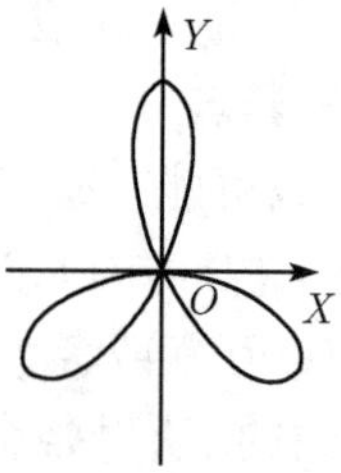

图 5.2

直观地看, 左边的曲线在 O 点处重复了两次, 但右边的曲线在 O 处重复了三次. 这个重复程度是一个局部性质, 即在 O 的任意充分小的邻域内都具有的性质.

对代数曲线 C_f, 我们可以把 $f(X,Y)$ 表示成

$$f(X,Y) = f_m(X,Y) + f_{m+1}(X,Y) + \cdots + f_n(X,Y), \quad f_m(X,Y) \neq 0,$$

其中 $f_i(X,Y)$ 是次数为 i 的齐次多项式, $i = m, m+1, \cdots, n$.

假设 C_f 通过原点 O, 则 $m \geqslant 1$. 当点 $P(a,b)$ 趋近于 O 时, $f_{m+1}(a,b), \cdots, f_n(a,b)$ 是比 $f_m(a,b)$ 更高阶的无穷小量. 忽略这些高阶无穷小量, 在 O 的无穷小的邻域内, 我们可以用曲线 $V(f_m)$ 来逼近 C_f.

为进一步考察 $V(f_m)$, 首先证明一个引理.

引理 5.1　设 $g_n(X,Y) \in F[X,Y]$ 是一个次数为 n 的首项系数为 1 的齐次多项式, 则

$$g_n(X,Y) = \prod_{i=1}^{n} (a_i X + b_i Y), \quad a_i, b_i \in F.$$

证明 令 $g_n(X,Y) = Y^r g_{n-r}(X,Y)$, 其中 $Y \nmid g_{n-r}(X,Y)$, 故只需分解 $g_{n-r}(X,Y)$. 因而不妨假设 $Y \nmid g_n(X,Y)$, 于是

$$g_n(X,Y) = X^n + \alpha_1 X^{n-1}Y + \alpha_2 X^{n-2}Y^2 + \cdots + \alpha_n Y^n.$$

考虑 $g_n(X,1) = X^n + \alpha_1 X^{n-1} + \alpha_2 X^{n-2} + \cdots + \alpha_n \in F[X]$. 由于 F 是代数闭域, 所以 $g_n(X,1)$ 可以表示成一次因式的乘积的形式:

$$g_n(X,1) = (X-\beta_1)(X-\beta_2)\cdots(X-\beta_n), \quad \beta_i \in F, i = 1,2,\cdots,n,$$

则有

$$g_n(X,1) = X^n - \left(\sum_{i=1}^n \beta_i\right) X^{n-1} + \left(\sum_{i\neq j} \beta_i\beta_j\right) X^{n-2} + \cdots + (-1)^n \prod_{i=1}^n \beta_i.$$

比较 $g_n(X,1)$ 的系数即得

$$\alpha_1 = -\sum_{i=1}^n \beta_i, \quad \alpha_2 = \sum_{i\neq j} \beta_i\beta_j \quad ,\cdots, \quad \alpha_n = (-1)^n \prod_{i=1}^n \beta_i.$$

再代回到 $g_n(X,Y)$ 得

$$\begin{aligned}
&g_n(X,Y)\\
=&X^n - \left(\sum_{i=1}^n \beta_i\right) X^{n-1}Y + \left(\sum_{i\neq j} \beta_i\beta_j\right) X^{n-2}Y^2 + \cdots + (-1)^n \left(\prod_{i=1}^n \beta_i\right) Y^n\\
=&X^n - \left(\sum_{i=1}^n \beta_i Y\right) X^{n-1} + \left(\sum_{i\neq j} \beta_i Y\beta_j Y\right) X^{n-2} + \cdots + (-1)^n \left(\prod_{i=1}^n \beta_i Y\right)\\
=&(X-\beta_1 Y)(X-\beta_2 Y)\cdots(X-\beta_n Y).
\end{aligned}$$

引理得证. □

根据上面的引理, $V(f_m)$ 是相交于 O 的 m 条直线, 所以, 直观上可以认为, 代数曲线 C_f 在 O 处的重复程度是 m.

下面的结论说明, 我们前面用代数方式定义的重复度与这直观上认为的重复程度是一致的.

定理 5.3 $e(\mathcal{O}_O(C_f)) = m$. 记 $e(\mathcal{O}_O(C_f))$ 为 $e_O(C_f)$.

证明 只需证明, 对充分大的 n, 有

$$\ell(\mathcal{O}_O(C_f)/\mathfrak{m}_O(C_f)^n) = mn + c, \quad c \text{ 为常数}.$$

注意到, 根据定理 5.1, $\mathfrak{m}_O(C_f)^n=(\overline{X},\overline{Y})^n\mathcal{O}_O(C_f)$. 于是, 仍根据定理 5.1, 得

$$\begin{aligned}\mathcal{O}_O(C_f)/\mathfrak{m}_O(C_f)^n&=\mathcal{O}_O(C_f)/(\overline{X},\overline{Y})^n\mathcal{O}_O(C_f)\\&=F[C_f]_{(\overline{X},\overline{Y})}/(\overline{X},\overline{Y})^nF[C_f]_{(\overline{X},\overline{Y})}.\end{aligned}$$

而由命题 2.16 可得

$$F[C_f]_{(\overline{X},\overline{Y})}/(\overline{X},\overline{Y})^nF[C_f]_{(\overline{X},\overline{Y})}\cong(F[C_f]/(X,Y)^nF[C_f])_{(X,Y)}.$$

但 $F[C_f]/(X,Y)^nF[C_f]$ 是一个局部环, $(X,Y)F[C_f]$ 是其极大理想, 所以

$$(F[C_f]/(X,Y)^nF[C_f])_{(X,Y)}=F[C_f]/(X,Y)^nF[C_f].$$

因而

$$\begin{aligned}\mathcal{O}_O(C_f)/\mathfrak{m}_O(C_f)^n&=F[C_f]/(X,Y)^nF[C_f]\\&=F[X,Y]/(f)/((X,Y)^n,f)/(f)\\&\cong F[X,Y]/((X,Y)^n,f).\end{aligned}$$

对 $n\geqslant m$, 有正合列

$$\begin{aligned}0\to F[X,Y]/(X,Y)^{n-m}&\xrightarrow{f}F[X,Y]/(X,Y)^n\\&\to F[X,Y]/((X,Y)^n,f)\to 0,\end{aligned}$$

其中 $\xrightarrow{f}$ 是同乘 f 所得到的同态. 注意到, 若令 $F[X,Y]=\bigoplus\limits_{r\geqslant 0}R_r$, 其中, $R_r=\bigoplus\limits_{i=0}^{r}FX^iY^{r-i}$, 则 $F[X,Y]/(X,Y)^n\cong\bigoplus\limits_{r=0}^{n-1}R_r$. 于是

$$\begin{aligned}\ell(F[X,Y]/(X,Y)^n)&=\frac{n(n+1)}{2},\\\ell(F[X,Y]/(X,Y)^{n-m})&=\frac{(n-m)(n-m+1)}{2},\end{aligned}$$

可以得到

$$\begin{aligned}\ell(F[X,Y]/((X,Y)^n,f))&=\frac{n(n+1)}{2}-\frac{(n-m)(n-m+1)}{2}\\&=mn-\frac{m(m-1)}{2}.\end{aligned}$$

定理得证. □

例 5.1　对 $f=Y^2-X^3-X^2$. 由于 $f=(Y^2-X^2)+(-X^3)$, 所以, 由定理 5.3 得 $e_O(C_f)=2$(图 5.3).

下面的推论说明, 重复度为 1 的点正是非奇异点, 这与我们的直观是一致的.

推论 5.1 $e_O(C_f)=1$ 当且仅当 O 是 C_f 的非奇异点.

证明 如前, 令 $f(X,Y)=f_m(X,Y)+f_{m+1}(X,Y)+\cdots+f_n(X,Y)$, $f_m(X,Y)\neq 0$, 则根据定理 5.3, $e_O(C_f)=1$ 当且仅当 $f_1\neq 0$. 另一方面, 从 f 的这个表达式易见, $f_1\neq 0$ 当且仅当 $f_X(0,0)\neq 0$ 或者 $f_Y(0,0)\neq 0$, 所以, $e_O(C_f)=1$ 的充要条件是 O 是 C_f 的非奇异点. □

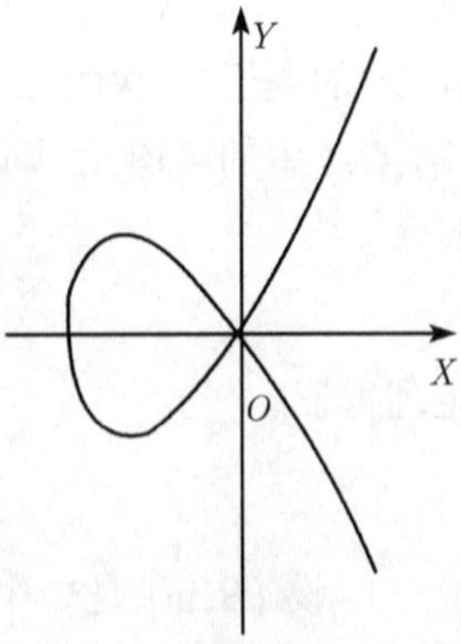

图5.3

以上我们讨论的是代数曲线 C_f 在原点 O 处的重复度问题, 对 C_f 上的一般的点 $P(a,b)$, 作一个平移, 或作代换 $X=X'+a, Y=Y'+b$, 可见类似的结论对点 P 也是成立的. 下面的结论对一般的点 $P(a,b)$ 也是成立的, 但我们仅证明原点 O 处的情形. 这个结论的重要意义在于用曲线在一点的内在的局部环的性质来刻画了曲线在这点的非奇异性.

定理 5.4 设代数曲线 C_f 通过原点 O, 则原点 O 是 C_f 上的非奇异点的充要条件是 $\mathcal{O}_O(C_f)$ 是离散赋值环.

证明 充分性. 假设 $\mathcal{O}_O(C_f)$ 是离散赋值环. 设 $\mathfrak{m}_O(C_f)=(a)$, 注意到, 由于 $\mathcal{O}_O(C_f)$ 是整环, 所以 $a\neq 0$ 不是零因子, 则对任意 $n\geqslant 0$, 有

$$\mathfrak{m}_O(C_f)^n/\mathfrak{m}_O(C_f)^{n+1}=(a^n)/(a^{n+1})\cong \mathcal{O}_O(C_f)/(a),$$

于是

$$\ell(\mathfrak{m}_O(C_f)^n/\mathfrak{m}_O(C_f)^{n+1})=1,$$

所以 $e(\mathcal{O}_O(C_f))=1$. 因而, 由上面的推论即得原点 O 是 C_f 上的非奇异点.

必要性. 假设原点 O 是 C_f 上的非奇异点. 不妨设 $f_X(0,0)\neq 0$, 于是, 可令

$$f=X+aY+\text{高于 1 次的项}.$$

注意到, 作为 $F[C_f]$ 的理想, 有 $(\overline{X},\overline{Y})=(\overline{X+aY},\overline{Y})$. 因而

$$\begin{aligned}\mathcal{O}_O(C_f)&=F[C_f]_{(\overline{X},\overline{Y})}=F[C_f]_{(\overline{X+aY},\overline{Y})},\\ \mathfrak{m}_O(C_f)&=(\overline{X+aY},\overline{Y})F[C_f]_{(\overline{X+aY},\overline{Y})}.\end{aligned}$$

为证明 $\mathcal{O}_O(C_f)$ 是离散赋值环, 下面证明 $\mathfrak{m}_O(C_f)=\overline{Y}F[C_f]_{(\overline{X+aY},\overline{Y})}$, 即 $\overline{X+aY}\in \overline{Y}F[C_f]_{(\overline{X+aY},\overline{Y})}$. 可令

$$f=(X+aY)f_1-Y^2f_2,$$

其中 $f_1 = 1 + (X + aY$ 和 Y 的高于 1 次的项), $f_2 \in F[X, Y]$. 对于 f_1, 由于 $X + aY$ 和 Y 的高于 1 次的项的部分在 $F[C_f]_{(\overline{X+aY}, \overline{Y})}$ 中的象属于 $\mathfrak{m}_O(C_f)$, 所以 $\overline{f_1}$ 是 $\mathcal{O}_O(C_f)$ 中的可逆元, 则由 $f = (X + aY)f_1 - Y^2 f_2$ 得到的等式 $\overline{f_1}\overline{(X + aY)} = \overline{Y}^2\overline{f_2}$, 有

$$\overline{X + aY} = \overline{f_1}^{-1}\overline{Y}^2\overline{f_2} \in \overline{Y}F[C_f]_{(\overline{X+aY}, \overline{Y})}.$$

定理得证. □

习　题

1. 设 $(R, \mathfrak{m})$ 是一个维数为 1 的 Noether 局部环, $\mathfrak{q} = (a)$ 是 R 的一个 $\mathfrak{m}$ 准素理想, 证明:

$$e(\mathfrak{q}) \leqslant \ell(R/\mathfrak{q}),$$

且等号成立的充要条件是 a 不是零因子.

2. 设 $f = (X^2 + Y^2)^2 + 3X^2Y - Y^3$, 证明 $e_O(C_f) = 3$.

3. 设 $(R, \mathfrak{m})$ 是一个 Noether 局部环, $\mathfrak{q}$ 是 $\mathfrak{m}$ 准素理想, 理想 I 称为 $\mathfrak{q}$ 的一个**约化**, 如果 $I \subseteq \mathfrak{q}$ 且存在 $r > 0$ 使 $\mathfrak{q}^{r+1} = I\mathfrak{q}^r$. 证明: 若 I 是 $\mathfrak{q}$ 的一个约化, 则 I 也是 $\mathfrak{m}$ 准素的, 且 $e(\mathfrak{q}) = e(I)$.

4. 设 $f(t)$ 是次数为 d 的有理系数多项式, 假设对充分大的整数 n, $f(n)$ 都是整数, 证明: 存在整数 e 使得

$$f(t) = \frac{e}{d!}t^d + 低次项.$$

第 6 章　环的正则性与代数簇的非奇异性

在这一章中, 我们将在讨论 Cohen-Macaulay 环的基础上, 讨论重要的正则环. 这两类环在交换环中经常出现, 表现出了很有意义的性质. 正则环还可用来刻画代数簇上点的非奇异性或光滑性.

6.1　正则序列与深度

假设 R 是一个有单位元的交换 Noether 环.

定义 6.1　设 M 是一个非零的有限生成 R 模, $a \in R$. 如果 a 不是 M 的零因子, 则称 a 为一个 **M 正则元**或 **M 正则的**.

注意到, 由于 M 的零因子组成的集合就是其相伴素理想的并, 所以, a 是 M 正则元的充要条件是

$$a \notin \bigcup_{\mathfrak{p} \in \mathrm{Ass}_R(M)} \mathfrak{p}.$$

定义 6.2　设 M 是一个非零的有限生成 R 模, $a_1, \cdots, a_n \in R$. 如果

(1) a_i 是 $M/(a_1, \cdots, a_{i-1})M$ 正则的, $i = 1, \cdots, n$;

(2) $M \neq (a_1, \cdots, a_n)M$,

则称 $a_1, \cdots, a_n$ 为一个 **M 正则序列**.

根据定义, 对任意 $1 \leqslant i \leqslant n$, $a_1, \cdots, a_n$ 是 M 正则序列的充要条件是 $a_1, \cdots, a_i$ 是 M 正则序列且 $a_{i+1}, \cdots, a_n$ 是 $M/(a_1, \cdots, a_i)M$ 正则序列.

注意到, 若 $M = R$, 则 $a_1, \cdots, a_n$ 是一个 R 正则序列当且仅当 $(a_1, \cdots, a_n) \neq R$ 且 $(a_1, \cdots, a_{i-1}) : a_i = (a_1, \cdots, a_{i-1}), i = 1, \cdots, n$.

假设 I 是 R 的一个满足 $M \neq IM$ 的理想, 我们感兴趣的是, 在 I 中能有多长的 M 正则序列.

I 中的 M 正则序列 $a_1, \cdots, a_n$ 称为在 I 中是**极大的**, 如果对任意 $a \in I$, $a_1, \cdots, a_n, a$ 都不是 M 正则序列, 这等价于

$$I \subseteq \bigcup_{\mathfrak{p} \in \mathrm{Ass}_R(M/(a_1, \cdots, a_n)M)} \mathfrak{p},$$

根据素理想的回避引理, 这也等价于, 存在 $\mathfrak{p} \in \mathrm{Ass}_R(M/(a_1, \cdots, a_n)M)$ 使得 $I \subseteq \mathfrak{p}$.

定理 6.1　设 $a_1, \cdots, a_n$ 是一个 R 正则序列, 则

(1) $\mathrm{ht}((a_1,\cdots,a_n))=n$;

(2) 当 $(R,\mathfrak{m})$ 是局部环时, 有

$$\dim(R/(a_1,\cdots,a_n))=\dim(R)-n.$$

证明 (1) 根据推论 4.1, $\mathrm{ht}((a_1,\cdots,a_n))\leqslant n$. 下面对 n 用归纳法证明 $\mathrm{ht}((a_1,\cdots,a_n))=n$.

若 $n=1$, 由于 a_1 是 R 正则元, 所以对任意 $\mathfrak{p}\in\mathrm{Ass}_R(R)$ 都有 $a_1\notin\mathfrak{p}$, 因而 a_1 不属于 R 的所有极小素理想. 从而 $\mathrm{ht}((a_1))>0$, 故 $\mathrm{ht}((a_1))=1$.

再假设 $n>0$ 且结论对 $n-1$ 成立. 根据归纳假设,$\mathrm{ht}((a_1,\cdots,a_{n-1}))=n-1$. 设素理想 $\mathfrak{p}\supseteq(a_1,\cdots,a_n)$, 如果 $\mathrm{ht}(\mathfrak{p})=n-1$, 则 $\mathfrak{p}$ 是包含 $(a_1,\cdots,a_{n-1})$ 的极小素理想, 从而 $\mathfrak{p}\in\mathrm{Ass}_R(R/(a_1,\cdots,a_{n-1}))$. 但 a_n 是 $R/(a_1,\cdots,a_{n-1})$ 正则元, 所以 $a_n\notin\mathfrak{p}$. 因而包含 $(a_1,\cdots,a_n)$ 的素理想的高度都不小于 n, 这就证明了 $\mathrm{ht}((a_1,\cdots,a_n))\geqslant n$, 故 $\mathrm{ht}((a_1,\cdots,a_n))=n$.

(2) 首先注意到, 必有 $a_1,\cdots,a_n\in\mathfrak{m}$. 由于 $\dim(R/(a_1,\cdots,a_n))\leqslant\dim(R)-\mathrm{ht}((a_1,\cdots,a_n))$(参见第 4 章的习题 3), 所以 $\dim(R/(a_1,\cdots,a_n))\leqslant\dim(R)-n$. 另一方面, 若 $\dim(R/(a_1,\cdots,a_n))=r$, 则有 $b_1,\cdots,b_r\in\mathfrak{m}$ 使得 $(b_1,\cdots,b_r)+(a_1,\cdots,a_n)$ 是 $\mathfrak{m}$ 准素的, 即 $(b_1,\cdots,b_r,a_1,\cdots,a_n)$ 是 $\mathfrak{m}$ 准素的, 从而 $\dim(R)\leqslant n+r$. 这就证明了 $\dim(R/(a_1,\cdots,a_n))=\dim(R)-n$. □

命题 6.1 I 中的任意 M 正则序列都可以扩充成为 I 中的一个极大的 M 正则序列.

证明 设 $a_1,\cdots,a_n\in I$ 是一个 M 正则序列, 如果它是极大的, 则结论已经成立. 如果它不是极大的, 则存在 $a_{n+1}\in I$ 使得 $a_1,\cdots,a_n,a_{n+1}$ 是一个 M 正则序列. 如果 $a_1,\cdots,a_n,a_{n+1}$ 是极大的, 则结论成立; 如果 $a_1,\cdots,a_n,a_{n+1}$ 不是极大的, 则存在 $a_{n+2}\in I$ 使得 $a_1,\cdots,a_n,a_{n+1},a_{n+2}$ 是一个 M 正则序列. 如此继续下去, 但这样的过程只能进行有限步, 因为, 由上面的序列, 我们有 $a_i\notin(a_1,\cdots,a_{i-1})$, $i=1,2,\cdots$, 从而有理想的严格升链:

$$(a_1)\subsetneq\cdots\subsetneq(a_1,\cdots,a_n)\subsetneq(a_1,\cdots,a_n,a_{n+1})\subsetneq\cdots.$$

根据假设 R 是 Noether 环, 所以上面的理想升链不能是无限的, 因而, 上面的过程只能进行有限步. 于是, 存在 $a_{n+1},\cdots,a_m\in I$ 使得 $a_1,\cdots,a_n,a_{n+1},\cdots,a_m$ 成为 I 中的一个极大的 M 正则序列. □

根据上面的命题, I 中的极大的 M 正则序列都有一个有限的长度. 下面来证明, I 中的极大的 M 正则序列都有相同的长度. 首先证明两个引理.

正则序列的排列不一定仍是正则序列 (见习题 1), 但对长度为 2 的正则序列, 我们有

引理 6.1 设 a_1, a_2 是 M 正则序列, 如果 a_2 是 M 正则元, 则 a_2, a_1 也是 M 正则序列.

证明 下面证明 a_1 是 M/a_2M 正则的. 设 $m \in M$ 使 $a_1m \in a_2M$, 则 $a_1m = a_2m_1$, $m_1 \in M$. 由于 a_1, a_2 是 M 正则序列, 所以 $m_1 \in a_1M$, 故 $m_1 = a_1m_1'$, $m_1' \in M$. 于是, $a_1m = a_2m_1 = a_1a_2m_1'$, 但 a_1 是 M 正则元, 从而 $m = a_2m_1' \in a_2M$. 所以 a_1 是 M/a_2M 正则的, 故 a_1, a_2 是 M 正则序列. □

引理 6.2 设 $a_1, \cdots, a_n$ 和 $b_1, \cdots, b_m$ 是 I 中的两个 M 正则序列, 如果它们都不是极大的, 则有 $\alpha \in I$ 使得 $a_1, \cdots, a_n, \alpha; \alpha, a_1, \cdots, a_n; b_1, \cdots, b_m, \alpha; \alpha, b_1, \cdots, b_m$ 都是 M 正则序列.

证明 由于 $a_1, \cdots, a_i (i = 1, \cdots, n)$ 和 $b_1, \cdots, b_j (j = 1, \cdots, m)$ 都不是极大的, 所以对 $\mathrm{Ass}_R(R/(a_1, \cdots, a_i))$, $i = 1, \cdots, n$, $\mathrm{Ass}_R(R/(b_1, \cdots, b_j))$, $j = 1, \cdots, m$, 中的任意素理想 $\mathfrak{p}$ 都有 $I \not\subseteq \mathfrak{p}$. 从而由回避引理, I 不含于所有这些素理想的并集之中, 在 I 中任取一个不在这个并集中的元素 α, 我们来证明 α 符合引理中的要求.

根据 α 的取法, α 是 $M/(a_1, \cdots, a_i)M$ 正则的 $(i = 1, \cdots, n)$, 也是 $M/(b_1, \cdots, b_j)M$ 正则的 $(j = 1, \cdots, m)$. 于是, $a_1, \cdots, a_n, \alpha$ 和 $b_1, \cdots, b_m, \alpha$ 是 M 正则序列. 再证明 $\alpha, a_1, \cdots, a_n$ 是 M 正则序列 (类似地可以证明 $\alpha, b_1, \cdots, b_m$ 也是 M 正则序列). 由于 a_n, α 是 $M/(a_1, \cdots, a_{n-1})M$ 正则序列而 α 是 $M/(a_1, \cdots, a_{n-1})M$ 正则的, 所以, 由引理 6.1, α, a_n 也是 $M/(a_1, \cdots, a_{n-1})M$ 正则序列, 即 $a_1, \cdots, a_{n-1}, \alpha, a_n$ 是 M 正则序列. 类似地, 由于 a_{n-1}, α 是 $M/(a_1, \cdots, a_{n-2})M$ 正则序列, α 是 $M/(a_1, \cdots, a_{n-2})M$ 正则的, 所以 $a_1, \cdots, a_{n-2}, \alpha, a_{n-1}$ 是 M 正则序列, 故 $a_1, \cdots, a_{n-2}, \alpha, a_{n-1}, a_n$ 也是 M 正则序列. 如此继续下去, 最后得出 $\alpha, a_1, \cdots, a_n$ 是 M 正则序列. □

定理 6.2 设 M 是有限生成的 R 模, $M \neq IM$. 则 I 中的任意两个极大的 M 正则序列都具有相同的长度.

证明 为证明定理, 只需证明结论: 如果 $a_1, \cdots, a_n$ 是 I 中的一个极大的 M 正则序列, $b_1, \cdots, b_n$ 是 I 中的一个 M 正则序列, 则 $b_1, \cdots, b_n$ 一定是极大的.

对 n 用归纳法证明此结论. 若 $n = 1$, 则由于 a_1 是 I 中的极大 M 正则序列, 所以存在某个 $\mathfrak{p} \in \mathrm{Ass}_R(M/a_1M)$ 使得 $I \subseteq \mathfrak{p}$. 下面来说明 I 中的元素都是模 M/b_1M 的零因子. 令 $\mathfrak{p} = \mathrm{Ann}_R(m + a_1M)$, $m \in M$, 则 $\mathfrak{p}m \subseteq a_1M$, 故 $Im \subseteq a_1M$. 于是 $b_1m \in a_1M$, 从而 $b_1m = a_1m_1$, $m_1 \in M$. 注意到 $m_1 \notin b_1M$, 否则 $m_1 = b_1m_2$, $m_2 \in M$, 从而由 $b_1m = a_1m_1 = b_1a_1m_2$ 及 b_1 是 M 正则元得 $m = a_1m_2 \in a_1M$ 矛盾. 由于 $a_1Im_1 = b_1Im \subseteq a_1b_1M$ 但 a_1 是 M 正则元, 所以 $Im_1 \subseteq b_1M$, 即 $I(m_1 + b_1M) = 0$, 故 I 中的元素都是 M/b_1M 的零因子, 从而 b_1 是 I 中的极大的 M 正则序列.

假设 $n > 1$ 且结论对 $n-1$ 成立. 由于 $a_1, \cdots, a_{n-1}$ 和 $b_1, \cdots, b_{n-1}$ 都不是

I 中的极大的 M 正则序列, 所以, 根据引理 6.2, 存在 $\alpha \in I$ 使得 $a_1, \cdots, a_{n-1}, \alpha$; $\alpha, a_1, \cdots, a_{n-1}$; $b_1, \cdots, b_{n-1}, \alpha$; $\alpha, b_1, \cdots, b_{n-1}$ 都是 M 正则序列. 对 $a_1, \cdots, a_{n-1}, a_n$ 和 $a_1, \cdots, a_{n-1}, \alpha$ 用上面的 $n=1$ 情形的结论 (这里的模是 $M/(a_1, \cdots, a_{n-1})M$) 得 $a_1, \cdots, a_{n-1}, \alpha$ 是 I 中的极大的 M 正则序列, 于是 $I \subseteq \bigcup_{\mathfrak{p} \in \mathrm{Ass}_R(M/(a_1, \cdots, a_{n-1}, \alpha)M)} \mathfrak{p}$, 而 $(a_1, \cdots, a_{n-1}, \alpha)M = (\alpha, a_1, \cdots, a_{n-1})M$, 即得 $\alpha, a_1, \cdots, a_{n-1}$ 也是 I 中的极大的 M 正则序列. 对 $\alpha, a_1, \cdots, a_{n-1}$ 和 $\alpha, b_1, \cdots, b_{n-1}$ 用归纳假设 (这里的模是 $M/\alpha M$) 得 $\alpha, b_1, \cdots, b_{n-1}$ 是 I 中的极大的 M 正则序列, 从而 $b_1, \cdots, b_{n-1}, \alpha$ 也是 I 中的极大的 M 正则序列. 最后再对 $b_1, \cdots, b_{n-1}, \alpha$ 和 $b_1, \cdots, b_{n-1}, b_n$ 用 $n=1$ 情形的结论即得 $b_1, \cdots, b_n$ 是 I 中的一个极大的 M 正则序列. □

有了上面的定理, 下面的定义就有意义了.

定义 6.3 设 I 是 R 的一个理想, M 是有限生成的 R 模使得 $M \neq IM$. I 中的极大的 M 正则序列的公共长度称为 I 在 M 上的**深度**, 记为 $\mathrm{depth}(I, M)$. 若 $M = R$, 则简记 $\mathrm{depth}(I, M)$ 为 $\mathrm{depth}(I)$, 有时也记为 $\mathrm{grade}(I)$, 当 $(R, \mathfrak{m})$ 是局部环时, 我们也记 $\mathrm{depth}(\mathfrak{m})$ 为 $\mathrm{depth}(R)$.

命题 6.2 $\mathrm{depth}(I) \leqslant \mathrm{ht}(I)$.

证明 令 $\mathrm{depth}(I) = r$, 则在 I 中存在 R 正则序列 $a_1, \cdots, a_r$. 根据定理 6.1, $\mathrm{ht}((a_1, \cdots, a_r)) = r$, 又显然 $\mathrm{ht}((a_1, \cdots, a_r)) \leqslant \mathrm{ht}(I)$, 所以 $\mathrm{ht}(I) \geqslant r$, 得证. □

若 $(R, \mathfrak{m})$ 是局部环, 则由上面的命题得 $\mathrm{depth}(\mathfrak{m}) \leqslant \mathrm{ht}(\mathfrak{m})$, 即 $\mathrm{depth}(R) \leqslant \dim(R)$.

命题 6.3 设 M 是有限生成的 R 模使得 $M \neq IM$, $\mathfrak{p}$ 是一个包含 I 的素理想, $M_{\mathfrak{p}} \neq 0$, $a_1, \cdots, a_n \in I$ 是一个 M 正则序列. 则在 $\mathfrak{p}$ 处取局部化后, $\frac{a_1}{1}, \cdots, \frac{a_n}{1} \in I_{\mathfrak{p}}$ 是一个 $M_{\mathfrak{p}}$ 正则序列.

证明 首先注意到 $I_{\mathfrak{p}} M_{\mathfrak{p}} \neq M_{\mathfrak{p}}$, 否则由 Nakayama 引理得 $M_{\mathfrak{p}} = 0$, 矛盾.

对 $i = 1, \cdots, n$, 我们来证明 $\frac{a_i}{1}$ 是 $M_{\mathfrak{p}} / \left(\frac{a_1}{1}, \cdots, \frac{a_{i-1}}{1}\right) M_{\mathfrak{p}}$ 正则的. 设 $\frac{m}{s} \in M_{\mathfrak{p}}$ 使得 $\frac{a_i}{1} \cdot \frac{m}{s} \in \left(\frac{a_1}{1}, \cdots, \frac{a_{i-1}}{1}\right) M_{\mathfrak{p}}$, 则

$$\frac{a_i m}{s} = \frac{a_1 m_1}{s_1} + \cdots + \frac{a_{i-1} m_{i-1}}{s_{i-1}}, \quad m_j \in M, s_j \in R \setminus \mathfrak{p}.$$

于是, 存在 $t \in R \setminus \mathfrak{p}$ 使 $t a_i m \in (a_1, \cdots, a_{i-1})M$. 根据假设,$a_i$ 是 $M/(a_1, \cdots, a_{i-1})M$ 正则的, 因而 $tm \in (a_1, \cdots, a_{i-1})M$ 即得 $\frac{m}{s} \in \left(\frac{a_1}{1}, \cdots, \frac{a_{i-1}}{1}\right) M_{\mathfrak{p}}$, 所以, $\frac{a_1}{1}, \cdots, \frac{a_n}{1} \in I_{\mathfrak{p}}$ 是一个 $M_{\mathfrak{p}}$ 正则序列. □

定理 6.3 设 I 是 R 的一个理想, M 是有限生成的 R 模使得 $M \neq IM$, 则

$$\mathrm{depth}(I, M) = \min\{\mathrm{depth}(I_{\mathfrak{p}}, M_{\mathfrak{p}}) \mid \mathfrak{p} \supseteq I, \mathfrak{p} \in \mathrm{Supp}_R(M)\}.$$

证明 令 $r = \mathrm{depth}(I, M)$, $a_1, \cdots, a_r \in I$ 是一个 M 正则序列, 则 $a_1, \cdots, a_r$ 一定是极大的. 对任意素理想 $\mathfrak{p} \supseteq I$ 且 $\mathfrak{p} \in \mathrm{Supp}_R(M)$, 根据命题 6.3, 作为 $R_{\mathfrak{p}}$ 中的元素, $\frac{a_1}{1}, \cdots, \frac{a_r}{1} \in I_{\mathfrak{p}}$ 是 $M_{\mathfrak{p}}$ 正则序列, 所以 $\mathrm{depth}(I_{\mathfrak{p}}, R_{\mathfrak{p}}) \geqslant r$.

另一方面, 由于 $a_1, \cdots, a_r$ 是 I 中的极大的 M 正则序列, 所以存在 $\mathfrak{q} \in \mathrm{Ass}_R(M)$ 使得 $I \subseteq \mathfrak{q}$, 于是, 在 $R_{\mathfrak{q}}$ 中,$I_{\mathfrak{q}} \subseteq \mathfrak{q}R_{\mathfrak{q}} \in \mathrm{Ass}_{R_{\mathfrak{q}}}(M_{\mathfrak{q}})$(见第 3 章的习题 5). 因而 $\frac{a_1}{1}, \cdots, \frac{a_r}{1}$ 是 $I_{\mathfrak{q}}$ 中的极大的 $M_{\mathfrak{q}}$ 正则序列, 所以

$$\min\{\mathrm{depth}(I_{\mathfrak{p}}, M_{\mathfrak{p}}) \mid \mathfrak{p} \supseteq I, \mathfrak{p} \in \mathrm{Supp}_R(M)\} = r. \qquad \square$$

6.2 Cohen-Macaulay 环

在引出 Cohen-Macaulay 局部环的定义之前, 我们先证明一个结论, 这结论诱导出 Cohen-Macaulay 环的一个重要性质.

命题 6.4 设 $(R, \mathfrak{m})$ 是一个 Noether 局部环, 则对任意 $\mathfrak{p} \in \mathrm{Ass}_R(R)$ 都有

$$\mathrm{depth}(R) \leqslant \dim(R/\mathfrak{p}).$$

证明 对 $\mathrm{depth}(R)$ 用归纳法. 若 $\mathrm{depth}(R) = 0$, 则结论显然成立.

假设 $\mathrm{depth}(R) > 0$ 且结论对小于 $\mathrm{depth}(R)$ 的非负整数都成立. 任意选取 R 正则元 $a \in \mathfrak{m}$, 则 $a \notin \mathfrak{p}$. 设 $b \in R$ 使得 $\mathfrak{p} = \mathrm{Ann}_R(b)$, 于是 $\mathfrak{p}b = 0$, 从而下列的理想集合是非空的:

$$\{(c) \mid c \in R, c \neq 0, \mathfrak{p}c = 0\}.$$

由于 R 是 Noether 环, 所以上面的集合关于包含关系含有极大元, 设 (c) 是一个极大元.

注意到 $c \notin (a)$, 这是因为, 若 $c \in (a)$, 则有 $c_1 \in R$ 使得 $c = c_1 a$, 于是 $(c) \subseteq (c_1)$. 又由 $\mathfrak{p}c = 0$ 即 $\mathfrak{p}c_1 a = 0$ 而 a 是 R 正则元得 $\mathfrak{p}c_1 = 0$, 所以 (c_1) 在上面的集合中, 但是 $(c) \subsetneq (c_1)$, 因为若 $(c) = (c_1)$, 则有 $c_2 \in R$ 使得 $c_1 = c_2 c$, 从而 $c = c_2 ca$, 故 $(c) = (c_2 a)(c)$, 于是由 Nakayama 引理得 $(c) = 0$, 矛盾.

考虑环 $R/(a)$. 由于 a 是 R 正则元, 所以 $\mathrm{depth}(R/(a)) = \mathrm{depth}(R) - 1$. 令 $\overline{R} = R/(a)$, $\overline{c} = c + (a)$. 则 $\overline{c}$ 是 $\overline{R}$ 中的非零元. 根据 c 的取法知 $\mathfrak{p}$ 中的元素都是 $\overline{R}$ 的零因子, 所以

$$\mathfrak{p} \subseteq \bigcup_{\mathfrak{q} \in \mathrm{Ass}_R(\overline{R})} \mathfrak{q},$$

则由回避引理, 存在 $\mathfrak{q} \in \mathrm{Ass}_R(\overline{R})$ 使得 $\mathfrak{p} \subseteq \mathfrak{q}$. 由 $a \notin \mathfrak{p}$ 但 $a \in \mathfrak{q}$ 知 $\mathfrak{p} \subsetneq \mathfrak{q}$, 故 $\dim(R/\mathfrak{p}) > \dim(R/\mathfrak{q})$. 注意到, 若令 $\overline{\mathfrak{q}} = \mathfrak{q}/(a)$, 则 $\overline{\mathfrak{q}} \in \mathrm{Ass}_{\overline{R}}(\overline{R})$.

对 $\overline{R}$ 用归纳假设得 $\mathrm{depth}(R/(a)) \leqslant \dim(\overline{R}/\overline{\mathfrak{q}}) = \dim(R/\mathfrak{q})$, 所以 $\mathrm{depth}(R) \leqslant \dim(R/\mathfrak{p})$, 命题得证. □

我们知道, 对任意 $\mathfrak{p} \in \mathrm{Ass}_R(R)$, 都有 $\dim(R/\mathfrak{p}) \leqslant \dim(R)$, 由此即得以下推论.

推论 6.1　设 $(R, \mathfrak{m})$ 是一个 Noether 局部环, 则 $\mathrm{depth}(R) \leqslant \dim(R)$.

定义 6.4　设 $(R, \mathfrak{m})$ 是一个 Noether 局部环, 如果 $\mathrm{depth}(R) = \dim(R)$, 则称 R 是Cohen-Macaylay **局部环**.

于是, 根据命题 6.4, 若 R 是 Cohen-Macaulay 局部环, 则对任意 $\mathfrak{p} \in \mathrm{Ass}_R(R)$ 都有 $\dim(R/\mathfrak{p}) = \dim(R)$, 所以 Cohen-Macaulay 局部环的相伴素理想都是极小的, 这是 Cohen-Macaulay 局部环的一个重要性质.

命题 6.5　设 $(R, \mathfrak{m})$ 是一个 Noether 局部环, $a_1, \cdots, a_r \in \mathfrak{m}$ 是一个 R 正则序列, 则 R 是 Cohen-Macaulay 局部环当且仅当 $R/(a_1, \cdots, a_r)$ 是 Cohen-Macaulay 局部环.

证明　由于 $a_1, \cdots, a_r$ 是 R 正则序列, 所以 $\mathrm{depth}(R/(a_1, \cdots, a_r)) = \mathrm{depth}(R) - r$. 又根据定理 6.1, $\dim(R/(a_1, \cdots, a_r)) = \dim(R) - r$. 由这两个等式即得命题的结论. □

命题 6.6　设 $(R, \mathfrak{m})$ 是一个 d 维的 Cohen-Macaulay 局部环, $a_1, \cdots, a_d \in \mathfrak{m}$ 是 R 的一个参数系, 则 $a_1, \cdots, a_d$ 也是一个 R 正则序列.

证明　对 d 用归纳法. 若 $d = 1$, 则 $\mathrm{ht}((a_1)) = \mathrm{ht}(\mathfrak{m}) = 1$, 由于 R 的任意相伴素理想 $\mathfrak{p}$ 都是极小的, 所以 $a_1 \notin \mathfrak{p}$, 因而 a_1 是 R 正则元.

假设 $d > 1$ 且结论对 $d-1$ 成立. 对任意 $\mathfrak{p} \in \mathrm{Ass}_R(R)$, 由于 $\dim(R/\mathfrak{p}) = d$ 而 $\dim(R/(a_1)) = d-1$, 所以 $a_1 \notin \mathfrak{p}$, 因而 a_1 是一个 R 正则元. 令 $\overline{R} = R/(a_1)$, R 中的理想和元素在 $\overline{R}$ 中的象以在其上加 – 记. 根据命题 6.5, $\overline{R}$ 是一个 $d-1$ 维的 Cohen-Macaulay 局部环, 又 $\overline{a}_2, \cdots, \overline{a}_d$ 是 $\overline{R}$ 的一个参数系, 则由归纳假设, $\overline{a}_2, \cdots, \overline{a}_d$ 是一个 $\overline{R}$ 正则序列, 于是 $a_2, \cdots, a_d$ 是一个 $R/(a_1)$ 正则序列, 从而 $a_1, \cdots, a_d$ 是一个 R 正则序列. □

于是, 对一个 Noether 局部环 R, 如果 R 有一个参数系是 R 正则序列, 则 R 的所有参数系都是 R 正则序列.

我们知道, 对环 R 的任意理想 I, 总有

$$\dim(R/I) + \mathrm{ht}(I) \leqslant \dim(R).$$

在 6.1 节中, 我们也知道 $\mathrm{depth}(I) \leqslant \mathrm{ht}(I)$. 下面证明, 当 R 是 Cohen-Macaulay 局部环时, 这些不等式将成为等式.

定理 6.4　设 $(R, \mathfrak{m})$ 是 Cohen-Macaulay 局部环, 则对 R 的任意真理想 I 都有

(1) $\mathrm{depth}(I) + \dim(R/I) = \dim(R)$;

(2) $\operatorname{depth}(I) = \operatorname{ht}(I)$.

证明 (1) 对 $\operatorname{depth}(I)$ 用归纳法. 若 $\operatorname{depth}(I) = 0$, 则存在 $\mathfrak{p} \in \operatorname{Ass}_R(R)$ 使得 $I \subseteq \mathfrak{p}$. 由于 $\dim(R/\mathfrak{p}) = \dim(R)$, 所以 $\dim(R/I) = \dim(R)$.

假设 $\operatorname{depth}(I) > 0$ 且结论对深度为 $\operatorname{depth}(I) - 1$ 的理想都成立, 则存在 R 正则元 $a \in I$. 令 $\overline{R} = R/(a), \overline{I} = I/(a)$, 则 $\dim(\overline{R}) = \dim(R) - 1$, $\operatorname{depth}(\overline{I}) = \operatorname{depth}(I) - 1$, $\overline{R}/\overline{I} \cong R/I$. 根据归纳假设 $\operatorname{depth}(\overline{I}) + \dim(\overline{R}/\overline{I}) = \dim(\overline{R})$ 即得 $\operatorname{depth}(I) + \dim(R/I) = \dim(R)$.

(2) 由于 $\operatorname{depth}(I) \leqslant \operatorname{ht}(I)$, 又由 (1) 得

$$\operatorname{ht}(I) \leqslant \dim(R) - \dim(R/I) = \operatorname{depth}(I),$$

所以 $\operatorname{depth}(I) = \operatorname{ht}(I)$. □

由定理即得以下推论.

推论 6.2 设 $(R, \mathfrak{m})$ 是 Cohen-Macaulay 局部环, 则对 R 的任意真理想 I 有

$$\dim(R/I) + \operatorname{ht}(I) = \dim(R).$$

命题 6.7 设 $(R, \mathfrak{m})$ 是 Cohen-Macaulay 局部环, 则对 R 的任意素理想 $\mathfrak{p}$, $R_{\mathfrak{p}}$ 也是 Cohen-Macaulay 局部环.

证明 由于 $\dim(R_{\mathfrak{p}}) = \operatorname{ht}(\mathfrak{p})$,$\operatorname{depth}(R_{\mathfrak{p}}) \geqslant \operatorname{depth}(\mathfrak{p})$, 所以, 若 $\operatorname{ht}(\mathfrak{p}) = \operatorname{depth}(\mathfrak{p})$, 则命题的结论成立. 因而应用上面的定理 6.4 即可. □

定义 6.5 设 R 是一个 Noether 环, 如果对 R 的任意素理想 $\mathfrak{p}$,$R_{\mathfrak{p}}$ 都是 Cohen-Macaylay 局部环, 则称 R 为 Cohen-Macaylay **环**.

于是, 由命题 6.7, R 是 Cohen-Macaulay 的当且仅当, 对 R 的每个极大理想 $\mathfrak{m}$, $R_{\mathfrak{m}}$ 都是 Cohen-Macaulay 局部环.

定理 6.5 若 R 是 Cohen-Macaulay 环, 则 $R[X_1, \cdots, X_n]$ 也是 Cohen-Macaulay 环.

证明 只需证明 $R[X]$ 是 Cohen-Macaulay 环.

设 P 是 $R[X]$ 的任意一个素理想, 我们需要证明 $R[X]_P$ 是 Cohen-Macaulay 的局部环. 类似于定理 4.6 的证明, 我们不妨假设 $(R, \mathfrak{m})$ 是局部环, $P \cap R = \mathfrak{m}$. 根据定理 4.6 的证明部分中的结论, 仅有两种可能性, 一是 $P = \mathfrak{m}[X]$, 此时 $\dim(R[X]_P) = \dim(R)$; 二是 $P = \mathfrak{m}[X] + (f)$, 其中, f 是一个首项系数为 1 的不可约多项式, 此时 $\dim(R[X]_P) = \dim(R) + 1$.

令 $d = \dim(R)$, $a_1, \cdots, a_d$ 是 R 的一个参数系. 则 $a_1, \cdots, a_d$ 是一个 R 正则序列. 容易看出, 作为 $R[X]_P$ 中的元素, $a_1, \cdots, a_d$ 也是一个 $R[X]_P$ 正则序列, 所以, $\operatorname{depth}(R[X]_P) \geqslant d$. 另一方面, 若 $f \in R[X]$ 是一个首项系数为 1 的不可约多项式,

则 $a_1, \cdots, a_d, f$ 也是一个 $R[X]_P$ 正则序列, 故, 此时 $\mathrm{depth}(R[X]_P) \geqslant d+1$. 由此即得我们所需要的结论. □

于是, 若 F 是域, 则 $F[X_1, \cdots, X_n]$ 是一个维数为 n 的 Cohen-Macaulay 环.

设 R 是一个 Noether 环, 如果对任意两个素理想 $\mathfrak{p} \subset \mathfrak{q}$, 界于 $\mathfrak{p}$ 和 $\mathfrak{q}$ 的极大的素理想链都具有相同的长度 (即 $\mathrm{ht}(\mathfrak{q}/\mathfrak{p})$), 则称 R 是**悬链环**.

易见, 悬链环的商环仍是悬链环.

定理 6.6　Cohen-Macaulay 环的商环都是悬链环.

证明　只需证明 Cohen-Macaulay 环都是悬链环. 设 R 是一个 Cohen-Macaulay 环, $\mathfrak{p} \subset \mathfrak{q}$ 是 R 的两个素理想,

$$\mathfrak{p} = \mathfrak{p}_0 \subsetneq \mathfrak{p}_1 \subsetneq \cdots \subsetneq \mathfrak{p}_n = \mathfrak{q}$$

是任意一个极大的界于 $\mathfrak{p}$ 和 $\mathfrak{q}$ 的素理想链, 我们来证明 $n = \mathrm{ht}(\mathfrak{q}) - \mathrm{ht}(\mathfrak{p})$, 从而, R 是悬链环.

在 $\mathfrak{q}$ 处局部化, 我们可以假设 $(R, \mathfrak{q})$ 是一个 Cohen-Macaulay 局部环. 根据推论 6.2, $\dim(R/\mathfrak{p}_{n-1}) = \dim(R) - \mathrm{ht}(\mathfrak{p}_{n-1})$. 由于在 $\mathfrak{p}_{n-1}$ 与 $\mathfrak{q}$ 之间不能插入另一个素理想, 所以 $\dim(R/\mathfrak{p}_{n-1}) = 1$. 因而, 我们有 $\mathrm{ht}(\mathfrak{q}) = \mathrm{ht}(\mathfrak{p}_{n-1}) + 1$. 类似地, 我们有 $\mathrm{ht}(\mathfrak{p}_{n-1}) = \mathrm{ht}(\mathfrak{p}_{n-2}) + 1$. 如此继续下去, 即得 $\mathrm{ht}(\mathfrak{q}) = \mathrm{ht}(\mathfrak{p}) + n$. 定理得证. □

推论 6.3　设 F 是一个代数闭域, $V \subseteq F^n$ 是一个代数簇, $P = (a_1, \cdots, a_n) \in V$, 令 $\mathfrak{m}_P = (X_1 - a_1, \cdots, X_n - a_n)$, 则

$$\mathrm{ht}(\mathfrak{m}_P / I(V)) = \dim(A(V)).$$

证明　注意到, $F[X_1, \cdots, X_n]$ 是一个维数为 n 的悬链环, $\mathrm{ht}(\mathfrak{m}_P) = n$. 又由 F 是代数闭域知, $F[X_1, \cdots, X_n]$ 的每个极大理想都可以表示成形如 $\mathfrak{m}_P$ 的形式, 所以, $\dim(A(V)) = n - \mathrm{ht}(I(V)) = \mathrm{ht}(\mathfrak{m}_P / I(V))$. □

定义 6.6　设 R 是一个 Noether 环, I 是 R 的一个理想, 如果对所有 $\mathfrak{p} \in \mathrm{Ass}_R(R/I)$ 都有 $\mathrm{ht}(I) = \mathrm{ht}(\mathfrak{p})$, 则称 I 是**非混合的**.

根据命题 6.4, Cohen-Macaulay 环的零理想是非混合的.

定义 6.7　设 R 是一个 Noether 环, I 是 R 的一个理想, 如果 R/I 是 Cohen-Macaulay 的, 则称 I 是一个 Cohen-Macaulay **理想**.

推论 6.4　设 F 是域, 则 $F[X_1, \cdots, X_n]$ 的分次 Cohen-Macaulay 理想都是非混合的.

证明　令 $R = F[X_1, \cdots, X_n]$, $\mathfrak{m} = (X_1, \cdots, X_n)$. 则 $\mathfrak{m}$ 是 R 的唯一的极大分次理想. 设 I 是 R 的一个分次理想, 则 $\mathrm{Ass}_R(R/I)$ 中的理想也都是分次理想, 从而都包含在 $\mathfrak{m}$ 中. 注意到 $R_{\mathfrak{m}} = R$.

设 $\mathfrak{p} \in \mathrm{Ass}_R(R/I)$. 由 I 是 Cohen-Macaulay 理想知, $\dim(R/\mathfrak{p}) = \dim(R/I)$. 再根据 R 是悬链整环得, $\mathrm{ht}(\mathfrak{p}) = \dim(R) - \dim(R/\mathfrak{p})$. 于是, $\mathrm{ht}(\mathfrak{p}) = \dim(R) - \dim(R/I)$, 即, 所有 $\mathfrak{p} \in \mathrm{Ass}_R(R/I)$ 都具有相同的高度. 所以, I 是非混合的. □

6.3 正 则 环

定义 6.8 设 $(R, \mathfrak{m})$ 是一个 d 维的 Noether 局部环，如果 $\mathfrak{m}$ 可以由 d 个元素生成，则称 R 为**正则局部环**. 若 $a_1, \cdots, a_d \in \mathfrak{m}$ 使得 $\mathfrak{m} = (a_1, \cdots, a_d)$, 则称 $a_1, \cdots, a_d$ 为 R 的一个**正则参数系**.

注意到,R 的正则参数系就是 $\mathfrak{m}$ 的元素个数为 d 的极小生成元组. 于是, 对 d 维 Noether 局部环 $(R, \mathfrak{m}, k)$, 有

$$R \text{ 是正则局部环} \Leftrightarrow \dim_k(\mathfrak{m}/\mathfrak{m}^2) = d.$$

根据定义, 离散赋值环实际上就是 1 维的正则局部环.

命题 6.8 设 $(R, \mathfrak{m})$ 是一个 d 维的正则局部环, $a_1, \cdots, a_d$ 是 R 的一个正则参数系, 则对 $i = 1, \cdots, n$, $R/(a_1, \cdots, a_i)$ 是一个 $d - i$ 维的正则局部环.

证明 根据命题 4.6, $\dim(R/(a_1, \cdots, a_i)) = d - i$. 由于 $a_{i+1} + (a_1, \cdots, a_i), \cdots, a_d + (a_1, \cdots, a_i)$ 生成了 $\mathfrak{m}/(a_1, \cdots, a_i)$, 所以 $R/(a_1, \cdots, a_i)$ 是一个 $d - i$ 维的正则局部环. □

下列命题是命题 4.7 的推广.

命题 6.9 正则局部环一定是整环.

证明 用归纳法证明. 设 $(R, \mathfrak{m}, k)$ 是一个 d 维的正则局部环. 若 $d = 0$, 则 $\mathfrak{m} = 0$, 于是 R 是一个域, 当然是整环. 若 $d = 1$, 则 R 是离散赋值环, 于是由命题 4.7, R 是一个整环. 下面假设 $d > 1$ 且结论对 $d - 1$ 成立.

设 $\mathfrak{p}_1, \cdots, \mathfrak{p}_r$ 是 R 的所有极小素理想. 由于 $\mathrm{ht}(\mathfrak{m}) > 0$, 所以 $\mathfrak{m} \not\subseteq \mathfrak{p}_i$, $i = 1, \cdots, r$. 又由于 $\mathfrak{m} \neq \mathfrak{m}^2$ 否则由 Nakayama 引理 $\mathfrak{m} = 0$ 矛盾, 所以 $\mathfrak{m} \not\subseteq \mathfrak{m}^2$. 因而, 由回避引理, $\mathfrak{m} \not\subseteq \mathfrak{m}^2 \cup \mathfrak{p}_1 \cup \cdots \cup \mathfrak{p}_r$. 取 $a \in \mathfrak{m} \setminus \mathfrak{m}^2 \cup \mathfrak{p}_1 \cup \cdots \cup \mathfrak{p}_r$, 则 $a + \mathfrak{m}^2$ 是 $\mathfrak{m}/\mathfrak{m}^2$ 中的一个非零元, 从而可以扩充成为 $\mathfrak{m}/\mathfrak{m}^2$ 作为 k 上向量空间的一组基, 即 a 可以扩充成为 R 的一个正则参数系. 于是由命题 6.8, $R/(a)$ 是一个维数为 $d - 1$ 的正则局部环, 则由归纳假设, $R/(a)$ 是一个整环, 因而 (a) 是一个素理想. (a) 一定包含某个极小素理想, 不妨设为 $\mathfrak{p}_1$. 根据 a 的取法,$a \notin \mathfrak{p}_1$, 故 $(a) \supsetneq \mathfrak{p}_1$. 我们来证明 $\mathfrak{p}_1 = 0$.

对任意 $\alpha \in \mathfrak{p}_1$, 由 $\alpha \in (a)$ 知 $\alpha = aa_1$, $a_1 \in R$, 则 $aa_1 \in \mathfrak{p}_1$, 但 $a \notin \mathfrak{p}_1$ 又 $\mathfrak{p}_1$ 是素理想, 所以 $a_1 \in \mathfrak{p}_1$, 故 $\alpha \in a\mathfrak{p}_1$. 于是 $\mathfrak{p}_1 = a\mathfrak{p}_1$, 则由 Nakayama 引理, $\mathfrak{p}_1 = 0$.

所以 0 是 R 的素理想, 因而 R 是整环. □

定理 6.7　正则局部环是 Cohen-Macaulay 局部环.

证明　设 $(R,\mathfrak{m})$ 是一个 d 维的正则局部环,$a_1,\cdots,a_d$ 是 R 的一个正则参数系. 对 $i=1,\cdots,d$, 由命题 6.8 知 $R/(a_1,\cdots,a_i)$ 也是正则局部环. 再由命题 6.9 得 $R/(a_1,\cdots,a_{i-1})$ 是整环, $i=1,\cdots,d$. 注意到 $a_i\notin(a_1,\cdots,a_{i-1})$, 否则与 $a_1,\cdots,a_d$ 作为 $\mathfrak{m}$ 的生成元组的极小性相矛盾. 于是 a_i 是 $R/(a_1,\cdots,a_{i-1})$ 正则的, 所以 $a_1,\cdots,a_d$ 是一个 R 正则序列, 因而 R 是 Cohen-Macaulay 局部环. □

设 $(R,\mathfrak{m})$ 是一个局部环, 对任意非零的 $a\in R$, 由于 $\cap_{n\geqslant 0}\mathfrak{m}^n=0$ (见定理 4.1), 所以, 存在唯一的 $n\geqslant 0$ 使得 $a\in\mathfrak{m}^n\backslash\mathfrak{m}^{n+1}$. 称 n 为 a 关于 $\mathfrak{m}$ 的阶, 记为 $\mathrm{ord}(a)$. 令 $a^*=a+\mathfrak{m}^{n+1}\in\mathfrak{m}^n/\mathfrak{m}^{n+1}\subseteq\mathcal{G}_{\mathfrak{m}}(R)$. 于是, 对 R 中的任意非零元 a, a^* 是 $\mathcal{G}_{\mathfrak{m}}(R)$ 中的一个非零元. 称 a^* 为 a 在 $\mathcal{G}_{\mathfrak{m}}(R)$ 中的**首元**. 注意到, 对 R 中的两个非零元 a,b, 若 $\mathrm{ord}(a)=n$, $\mathrm{ord}(b)=m$, 则作为 $\mathcal{G}_{\mathfrak{m}}(R)$ 中的元素的乘积 $a^*b^*\in\mathfrak{m}^{n+m}/\mathfrak{m}^{n+m+1}$, 事实上, $a^*b^*=ab+\mathfrak{m}^{n+m+1}$. 由此可见, 若 $a^*b^*\neq 0$, 则 $ab\neq 0$. 从而, 我们有

引理 6.3　设 $(R,\mathfrak{m})$ 是一个局部环, 如果 $\mathcal{G}_{\mathfrak{m}}(R)$ 是一个整环, 则 R 也是一个整环.

下列定理是正则局部环的一个重要性质, 由此定理及引理 6.3, 我们可以得到命题 6.9 的另一证明.

定理 6.8　设 $(R,\mathfrak{m},k)$ 是一个 Noether 局部环, 则 R 是正则环当且仅当, 作为分次 k- 代数, $\mathcal{G}_{\mathfrak{m}}(R)$ 同构于 k 上的一个多元多项式环 $k[X_1,\cdots,X_d]$.

证明　首先假设 R 是一个 d 维的正则局部环, $a_1,\cdots,a_d$ 是 R 的一个正则参数系, 则由定理 6.7 的证明部分可见 $a_1,\cdots,a_d$ 的任意排列都是一个 R 正则序列.

首先注意到, $\mathrm{ord}(a_i)=1$, $i=1,\cdots,d$. 这是因为, 例如, 对 $i=1$, 若 $a_1\in\mathfrak{m}^2$, 则 $a_1=a_1b_1+\cdots+a_db_d$, $b_1,\cdots,b_d\in\mathfrak{m}$. 于是 $1-b_1\in(a_2,\cdots,a_d):a_1=(a_2,\cdots,a_d)$, 从而 $1\in(b_1,a_2,\cdots,a_d)\subseteq\mathfrak{m}$, 矛盾. 因而

$$\mathcal{G}_{\mathfrak{m}}(R)=k[a_1^*,\cdots,a_d^*].$$

令

$$\begin{aligned}\phi: k[X_1,\cdots,X_d]&\to k[a_1^*,\cdots,a_d^*]\\ f(X_1,\cdots,X_d)&\mapsto f(a_1^*,\cdots,a_d^*),\end{aligned}$$

则 ϕ 是一个环满同态, 于是 $k[a_1^*,\cdots,a_d^*]\cong k[X_1,\cdots,X_d]/\mathrm{Ker}(\phi)$, 其中, $\mathrm{Ker}(\phi)$ 是一个齐次理想.

我们来证明 $\mathrm{Ker}(\phi)=0$. 如果 $\mathrm{Ker}(\phi)\neq 0$, 则有齐次多项式 $f\neq 0$ 使得 $f\in\mathrm{Ker}(\phi)$, 令 f 的次数为 r. 我们得到, $k[a_1^*,\cdots,a_d^*]$ 的 n 次齐次部分的长度 $\ell(\mathfrak{m}^n/\mathfrak{m}^{n+1})$ 不能超过 $k[X_1,\cdots,X_d]/(f)$ 的 n 次齐次部分的长度. 但当 $n>r$ 时, $k[X_1,\cdots,X_d]/(f)$ 的 n 次齐次部分为 $k[X_1,\cdots,X_d]_n/fk[X_1,\cdots,X_d]_{n-r}$, 其长度为

$$\binom{n+d-1}{d-1}-\binom{n-r+d-1}{d-1}.$$

这是 n 的一个 $d-2$ 次多项式, 这与 R 的维数是 d, 从而, 当 n 充分大时, $\ell(\mathfrak{m}^n/\mathfrak{m}^{n+1})$ 是 n 的 $d-1$ 次多项式相矛盾. 所以 $\mathrm{Ker}(\phi)=0$, ϕ 是一个同构.

反过来, 假设 $\mathcal{G}_{\mathfrak{m}}(R)\cong k[X_1,\cdots,X_d]$, 则考虑两者的次数为 1 的分次部分即得 $\mathfrak{m}/\mathfrak{m}^2\cong kX_1+\cdots+kX_d$, 所以 $\dim_k(\mathfrak{m}/\mathfrak{m}^2)=d$. 另一方面, 由同构 $\mathcal{G}_{\mathfrak{m}}(R)\cong k[X_1,\cdots,X_d]$ 知 $\mathcal{G}_{\mathfrak{m}}(R)$ 的 Hilbert 多项式的次数为 $d-1$, 从而 $\dim(R)=d$. 所以, R 是一个 d 维的正则局部环. 定理得证. □

定义 6.9 设 R 是一个 Noether 环. 如果对 R 的每个极大理想 $\mathfrak{m}$, $R_{\mathfrak{m}}$ 都是正则局部环, 则称 R 是一个**正则环**.

6.4 代数簇的非奇异性

设 F 是一个代数闭域, $A=F[X_1,\cdots,X_n]$. 设 $V\subseteq F^n$ 是一个代数簇, 则 V 的理想 $I(V)$ 是 A 的一个素理想, 从而 V 的坐标环 $A(V)=A/I(V)$ 是一个整环.

定义 6.10 设 V 是一个 d 维的代数簇, $P=(a_1,\cdots,a_n)$ 是 V 上的一点. 令 $I(V)=(f_1,\cdots,f_t)$. 如果 F 上的 $t\times n$ 矩阵 $\left(\dfrac{\partial f_i}{\partial X_j}(P)\right)_{t\times n}$ 的秩为 $n-d$, 则称 V 在其点 P 处是**非奇异的或光滑的**; 称矩阵 $\left(\dfrac{\partial f_i}{\partial X_j}(P)\right)_{t\times n}$ 为点 P 的**Jacobi 矩阵**. 如果 V 在其上每一点处都非奇异, 则称 V 是**非奇异的或光滑的**.

注意到, 上述代数簇在一点的奇异性的定义是定义 5.4 的关于代数曲线在一点的奇异性的推广.

命题 6.10 V 在点 P 处的非奇异性与 $I(V)$ 的生成元 $f_1,\cdots,f_t$ 的选取无关.

证明 假设 $I(V)=(f_1,\cdots,f_t)=(g_1,\cdots,g_s)$, 则

$$\begin{pmatrix} f_1\\ \vdots\\ f_t\end{pmatrix}=M\begin{pmatrix} g_1\\ \vdots\\ g_s\end{pmatrix},$$

$$\begin{pmatrix} g_1\\ \vdots\\ g_s\end{pmatrix}=N\begin{pmatrix} f_1\\ \vdots\\ f_t\end{pmatrix},$$

其中 $M=(m_{ij})$ 和 $N=(n_{ij})$ 分别是 A 上的 $t\times s$ 和 $s\times t$ 矩阵. 注意到, 由 $f_i(P)=g_j(P)=0$ 可得

$$\frac{\partial f_i}{\partial X_j}(P)=\sum_{l=1}^{s} m_{il}(P)\frac{\partial g_l}{\partial X_j}(P),$$
$$\frac{\partial g_i}{\partial X_j}(P)=\sum_{l=1}^{t} n_{il}(P)\frac{\partial f_l}{\partial X_j}(P).$$

于是, 我们有矩阵等式:

$$\left(\frac{\partial f_i}{\partial x_j}(P)\right)_{t\times n}=(m_{ij}(P))_{t\times s}\left(\frac{\partial g_i}{\partial X_j}(P)\right)_{s\times n},$$
$$\left(\frac{\partial g_i}{\partial x_j}(P)\right)_{s\times n}=(n_{li}(P))_{s\times t}\left(\frac{\partial f_i}{\partial X_j}(P)\right)_{t\times n}.$$

所以, 矩阵 $\left(\frac{\partial f_i}{\partial X_j}(P)\right)_{t\times n}$ 和 $\left(\frac{\partial g_i}{\partial X_j}(P)\right)_{s\times n}$ 可以互相表示, 从而它们的秩相等. 因而矩阵 $\left(\frac{\partial f_i}{\partial X_j}(P)\right)_{t\times n}$ 的秩与生成元 $f_1,\cdots,f_t$ 的选取无关, 即, V 在点 P 处的非奇异性与 $I(V)$ 的生成元 $f_1,\cdots,f_t$ 的选取无关. □

定义 6.11 设 $P=(a_1,\cdots,a_n)$ 是 V 上的一点, 则 $\mathfrak{m}_P=(X_1-a_1,\cdots,X_n-a_n)$ 是 A 的一个极大理想. 令 $\overline{\mathfrak{m}}_P=\mathfrak{m}_P/I(V)$, 则称局部环 $A(V)_{\overline{\mathfrak{m}}_P}$ 为**代数簇 V 在点 P 处的局部环**, 记为 $\mathcal{O}_{V,P}$, 其极大理想记为 $\mathfrak{m}_{V,P}$.

注意到, 根据推论 6.3, $\dim(\mathcal{O}_{V,P})=\dim(A(V))=\dim(V)$.

下列结论是定理 5.4 的推广.

定理 6.9 V 在点 P 处非奇异当且仅当 $\mathcal{O}_{V,P}$ 是正则局部环.

证明 首先注意到环满同态:

$$\begin{aligned}\phi: A&\to F\\ f&\mapsto f(P)\end{aligned}$$

的核 $\mathrm{Ker}(\phi)=\mathfrak{m}_P$, 由此即得 $A/\mathfrak{m}_P\cong F$, 从而 $A/\mathfrak{m}_P$- 模 $\mathfrak{m}_P/\mathfrak{m}_P^2$ 是一个 F- 向量空间. 下列映射:

$$\begin{aligned}\theta:\mathfrak{m}_P&\to F^n\\ f&\mapsto\left(\frac{\partial f}{\partial X_1}(P),\cdots,\frac{\partial f}{\partial X_n}(P)\right)\end{aligned}$$

是满的, 这是因为 $\theta(X_i-a_i)=(0,\cdots,0,1,0,\cdots,0)$, $i=1,\cdots,n$. 又对任意 $f\in\mathfrak{m}_P$, $f=(X_1-a_1)f_1+\cdots+(X_n-a_n)f_n$, 我们有

$$\theta(f)=(f_1(P),\cdots,f_n(P)).$$

于是, $\theta(f)=0$ 当且仅当 $f_i\in\mathfrak{m}_P, i=1,\cdots,n$, 即 $f\in\mathfrak{m}_P^2$. 所以, 作为 F 向量空间, 有同构 $\theta:\mathfrak{m}_P/\mathfrak{m}_P^2\cong F^n$. 下面, 我们来讨论这两个同构的 n 维向量空间的一些子空间.

令 $I(V)=(f_1,\cdots,f_t)$, 则 $\theta((I(V)+\mathfrak{m}_P^2)/\mathfrak{m}_P^2)$ 是 F^n 的一个子空间. 我们断言这个子空间的维数就是矩阵 $\left(\dfrac{\partial f_i}{\partial X_j}(P)\right)_{t\times n}$ 的秩. 这是因为, 对任意 $\alpha\in I(V)$, $\alpha=f_1g_1+\cdots+f_tg_t$, 我们有

$$\begin{aligned}\theta(\alpha)&=\theta(f_1g_1+\cdots+f_tg_t)\\&=\sum_{i=1}^{t}\left(\frac{\partial(f_ig_i)}{\partial X_1}(P),\cdots,\frac{\partial(f_ig_i)}{\partial X_n}(P)\right)\\&=\sum_{i=1}^{t}\left(g_i(P)\frac{\partial f_i}{\partial X_1}(P),\cdots,g_i(P)\frac{\partial f_i}{\partial X_n}(P)\right)\\&=\sum_{i=1}^{t}g_i(P)\left(\frac{\partial f_i}{\partial X_1}(P),\cdots,\frac{\partial f_i}{\partial X_n}(P)\right),\end{aligned}$$

由此即得, $\theta((I(V)+\mathfrak{m}_P^2)/\mathfrak{m}_P^2)$ 是 F^n 的由向量组 $\left(\dfrac{\partial f_1}{\partial X_1}(P),\cdots,\dfrac{\partial f_1}{\partial X_n}(P)\right),\cdots,$ $\left(\dfrac{\partial f_t}{\partial X_1}(P),\cdots,\dfrac{\partial f_t}{\partial X_n}(P)\right)$ 生成的子空间, 所以, 作为向量空间, $\theta((I(V)+\mathfrak{m}_P^2)/\mathfrak{m}_P^2)$ 的维数等于矩阵 $\left(\dfrac{\partial f_i}{\partial X_j}(P)\right)_{t\times n}$ 的秩.

然而, 由短正合列

$$0\to(I(V)+\mathfrak{m}_P^2)/\mathfrak{m}_P^2\to\mathfrak{m}_P/\mathfrak{m}_P^2\to\mathfrak{m}_P/(I(V)+\mathfrak{m}_P^2)\to 0,$$

我们知道, 矩阵 $\left(\dfrac{\partial f_i}{\partial X_j}(P)\right)_{t\times n}$ 的秩等于 $n-\dim_F(\mathfrak{m}_P/(I(V)+\mathfrak{m}_P^2))$. 我们来考察后一个维数.

注意到, 局部环

$$\mathcal{O}_{V,P}=A(V)_{\overline{\mathfrak{m}}_P}=(A/I(V))_{(\mathfrak{m}_P/I(V))}\cong A_{\mathfrak{m}_P}/I(V)_{\mathfrak{m}_P}$$

的极大理想为

$$\mathfrak{m}_{V,P}=\overline{\mathfrak{m}}_PA(V)_{\overline{\mathfrak{m}}_P}\cong\mathfrak{m}_PA_{\mathfrak{m}_P}/I(V)_{\mathfrak{m}_P}.$$

于是,

$$\mathcal{O}_{V,P}/\mathfrak{m}_{V,P}\cong A_{\mathfrak{m}_P}/\mathfrak{m}_PA_{\mathfrak{m}_P}=(A/\mathfrak{m}_P)_{(0)}=A/\mathfrak{m}_P=F.$$

作为 F 上的向量空间, 有

$$\begin{aligned}\mathfrak{m}_{V,P}/\mathfrak{m}_{V,P}^2 &\cong \mathfrak{m}_P A_{\mathfrak{m}_P}/(I(V)_{\mathfrak{m}_P}+\mathfrak{m}_P^2 A_{\mathfrak{m}_P})\\ &\cong (\mathfrak{m}_P/(I(V)+\mathfrak{m}_P^2))_{\mathfrak{m}_P}\\ &=(\mathfrak{m}_P/(I(V)+\mathfrak{m}_P^2))_{(0)}\\ &=\mathfrak{m}_P/(I(V)+\mathfrak{m}_P^2).\end{aligned}$$

因而, 我们得到维数等式 $\dim_F(\mathfrak{m}_{V,P}/\mathfrak{m}_{V,P}^2)=\dim_F(\mathfrak{m}_P/(I(V)+\mathfrak{m}_P^2))$.

所以, 根据定义, V 在点 P 处非奇异当且仅当矩阵 $\left(\dfrac{\partial f_i}{\partial X_j}(P)\right)_{t\times n}$ 的秩等于 $n-\dim(\mathcal{O}_{V,P})$, 即, $\dim_F(\mathfrak{m}_P/(I(V)+\mathfrak{m}_P^2))=\dim(\mathcal{O}_{V,P})$. 后者等价于 $\dim_F(\mathfrak{m}_{V,P}/\mathfrak{m}_{V,P}^2)=\dim(\mathcal{O}_{V,P})$, 即, $\mathcal{O}_{V,P}$ 是正则局部环. 定理得证. □

推论 6.5　V 是非奇异的充要条件是 $A(V)$ 是正则环.

证明　由于 F 是代数闭域, 所以 $A(V)$ 的每个极大理想都可以表示成 $\overline{\mathfrak{m}}_P$ 的形式 (参见定理 2.2 的证明部分). 由定理 6.9 及定义 6.7 即得结论. □

习　题

1. 设 F 是一个域, 令 $R=F[X,Y,Z]$. 证明: $X, Y(1-X), Z(1-X)$ 是一个 R 正则序列, 但 $Y(1-X), Z(1-X), X$ 不是 R 正则的.

2. 设 $a_1,\cdots,a_n$ 是一个 M 正则序列, 证明: 对任意正整数 $s_1,\cdots,s_n$, $a_1^{s_1},\cdots,a_n^{s_n}$ 也是 M 正则序列.

3. 设 R 是 Noether 局部环, M 是有限生成的 R 模, 证明: M 正则序列的排列仍是 M 正则序列.

4. 设 R 是一个 Noether 局部环, 证明: 对任意 $\mathfrak{p}\in\operatorname{Spec}(R)$, 有

$$\operatorname{depth}(R)\leqslant\operatorname{depth}(\mathfrak{p})+\dim(R/\mathfrak{p}).$$

5. 设 F 是一个域, $R=F[X_1,\cdots,X_n]$, $\mathfrak{m}=(X_1,\cdots,X_n)$. 证明: $R_{\mathfrak{m}}$ 是一个正则局部环.

6. 设 R 是一个正则局部环, 证明 $e(R)=1$.

7. 设 $(R,\mathfrak{m})$ 是 Cohen-Macaulay 局部环, $I=(a_1,\cdots,a_r)$ 是 R 的一个理想. 假设 $\operatorname{ht}(I)=r$, 证明: 对任意 $\mathfrak{p}\in\operatorname{Ass}_R(R/I)$, 都有 $\operatorname{ht}(\mathfrak{p})=\operatorname{ht}(I)$.

8. 设 A 是一个 Noether 环, $k\geqslant 0$ 是一个整数. 如果对所有 $\mathfrak{p}\in\operatorname{Spec}(A)$ 都有 $\operatorname{depth}(A_{\mathfrak{p}})\geqslant\min\{k,\operatorname{ht}(\mathfrak{p})\}$, 则称 A 满足条件 (S_k); 如果对所有使得 $\operatorname{ht}(\mathfrak{p})\leqslant k$ 的 $\mathfrak{p}\in\operatorname{Spec}(A)$ 都有 $A_{\mathfrak{p}}$ 是正则环, 则称 A 满足条件 (R_k). 证明

(1) A 满足 (S_1) 当且仅当 A 的零理想没有嵌入素理想;

(2) A 是 Cohen-Macaulay 环当且仅当 A 满足所有 (S_k).

9. 设 $(A,\mathfrak{m},k)$ 是一个正则局部环, $\mathfrak{p}$ 是 $A[X]$ 的使得 $\mathfrak{p}\cap A=\mathfrak{m}$ 的一个素理想, 证明 $A[X]_{\mathfrak{p}}$ 是正则局部环.

10. 设 $(R,\mathfrak{m})$ 是一个 d 维的正则局部环, $f\neq 0\in\mathfrak{m}$, 证明: $e(R/(f))=\nu(f)$, 其中 $\nu(f)$ 是满足 $f\in\mathfrak{m}^i\setminus\mathfrak{m}^{i+1}$ 的整数 i.

11. 设 $(R,\mathfrak{m})$ 是一个 Noether 局部环, $a_1,\cdots,a_d\in\mathfrak{m}$. 令 $I=(a_1,\cdots,a_d)$. 假设 $a_1,\cdots,a_d$ 是 R 正则序列, 证明: 自然同态 $(R/I)[X_1,\cdots,X_d]\to\mathcal{G}_I(R)$, $X_i\mapsto a_i+I^2$, $i=1,\cdots,d$, 是一个同构.

第 7 章　环的整闭性与代数簇的正规性

正规的代数簇是比非奇异代数簇更一般的代数簇, 在代数几何中占有重要的地位. 对应到代数上, 我们需要讨论元素或环在另一个环上的整性.

7.1 整　　性

本章所讨论的环都是有单位元的交换环.

交换环中的整元是域论中的代数元的推广.

定义 7.1　设 $A \subseteq B$ 是两个环, $b \in B$. 如果 b 是 A 上的某个首项系数为 1 的多项式的根, 即, 存在 $n \geqslant 1$ 及 $a_1, \cdots, a_n \in A$, 使得

$$b^n + a_1 b^{n-1} + \cdots + a_n = 0,$$

则称 b 在 A 上是**整的**.

如果 B 中每个元素都在 A 上是整的, 则称 B 在 A 上是**整的**.

显然, A 中的元素在 A 上总是整的.

例 7.1　对 $\mathbb{Z} \subset \mathbb{Q}$. 假设 $\frac{a}{b} \in \mathbb{Q}$ $(a, b \in \mathbb{Z})$ 在 $\mathbb{Z}$ 上是整的, 不妨设 a 与 b 互素. 则有 $n \geqslant 1$ 及整数 $a_1, \cdots, a_n$ 使得

$$\frac{a^n}{b^n} + a_1 \frac{a^{n-1}}{b^{n-1}} + \cdots + a_n = 0.$$

于是

$$a^n = b(-a_1 a^{n-1} - \cdots - a_n b^{n-1}).$$

若素数 $p \mid b$, 则由上式必有 $p \mid a$. 但 a 与 b 是互素的, 所以, $b = \pm 1$, 因而 $\frac{a}{b} \in \mathbb{Z}$. 这就证明了, $\mathbb{Q}$ 中在 $\mathbb{Z}$ 上整的元素只有 $\mathbb{Z}$ 自身中的元素.

注意到, 在上面的论证中, 我们实际上所用到的性质是: $\mathbb{Z}$ 是一个唯一分解整环, 而 $\mathbb{Q}$ 是 $\mathbb{Z}$ 的商域. 所以, 用相同的论证可以证明: 若 F 是一个域, 则 $F[X_1, \cdots, X_n]$ 的商域 $F(X_1, \cdots, X_n)$ 中在 $F[X_1, \cdots, X_n]$ 上整的元素只有 $F[X_1, \cdots, X_n]$ 自身中的元素.

定理 7.1　设 $A \subseteq B$ 是两个环, $b \in B$. 则下列条件等价:

(1) b 在 A 上整;

(2) $A[b]$ 是一个有限生成的 A- 模;

(3) 存在 B 的一个子环 C 使得 $b\in C, A\subseteq C$ 且 C 作为 A- 模是有限生成的.

证明　(1) $\Rightarrow$ (2)　假设 b 在 A 上整. 则有 A 上的首项系数为 1 的多项式 $f(X)=X^n+a_1X^{n-1}+\cdots+a_n$ 使得 $f(b)=0$, 从而

$$b^n=-a_1b^{n-1}-\cdots-a_n.$$

我们来证明 $A[b]$ 是一个有限生成的 A- 模. 注意到

$$A[b]=\{g(b)\mid g(X)\in A[X]\}.$$

对任意 $g(X)\in A[X]$, 令 $g(X)=c_0X^m+c_1X^{m-1}+\cdots+c_m$, $c_i\in A, i=0,1,\cdots,m$. 则 $g(b)=c_0b^m+c_1b^{m-1}+\cdots+c_m$. 若 $m\geqslant n$, 则由 $b^n=-a_1b^{n-1}-\cdots-a_n$ 可使 $b^n,b^{n+1},\cdots,b^m$ 都表示成 $1,b,\cdots,b^{n-1}$ 在 A 上的线性组合的形式. 由此即得

$$A[b]=\{c_0+c_1b+\cdots+c_{n-1}b^{n-1}\mid c_0,c_1,\cdots,c_{n-1}\in A\},$$

这是一个由 $1,b,\cdots,b^{n-1}$ 生成的 A- 模.

(2) $\Rightarrow$ (3)　取 $C=A[b]$ 即可.

(3) $\Rightarrow$ (1)　假设存在 B 的一个子环 C 使得 $b\in C, A\subseteq C$ 且 C 作为 A-模是有限生成的. 令 $C=A\alpha_1+\cdots+A\alpha_n$, 则由 $b\alpha_i\in C$ 得 $b\alpha_i=a_{i1}\alpha_1+\cdots+a_{in}\alpha_n$, $a_{ij}\in A, i,j=1,\cdots,n$. 于是得到

$$\begin{pmatrix} b-a_{11} & -a_{12} & \cdots & -a_{1n} \\ -a_{21} & b-a_{22} & \cdots & -a_{2n} \\ \vdots & \vdots & & \vdots \\ -a_{n1} & -a_{n2} & \cdots & b-a_{nn} \end{pmatrix}\begin{pmatrix}\alpha_1\\ \alpha_2\\ \vdots\\ \alpha_n\end{pmatrix}=\begin{pmatrix}0\\0\\ \vdots\\0\end{pmatrix}.$$

令上式左边的 $n\times n$ 矩阵为 D, 在上式两边左乘 D 的伴随矩阵 (这也是 A 上的一个 $n\times n$ 矩阵) 则得:

$$\begin{pmatrix} |D| & 0 & \cdots & 0 \\ 0 & |D| & \cdots & 0 \\ \vdots & \vdots & & \vdots \\ 0 & 0 & \cdots & |D| \end{pmatrix}\begin{pmatrix}\alpha_1\\ \alpha_2\\ \vdots\\ \alpha_n\end{pmatrix}=\begin{pmatrix}0\\0\\ \vdots\\0\end{pmatrix},$$

即, $|D|\alpha_i=0$, $i=1,\cdots,n$. 于是 $|D|C=0$, 但 $1\in C$, 所以 $|D|=0$. 展开行列式 $|D|$ 则有 $b^n+a_1b^{n-1}+\cdots+a_n=0$, 其中 $a_i\in A, i=1,\cdots,n$. 所以 b 在 A 上是整的. □

注意到, 在 (3) $\Rightarrow$ (1) 的论证中, 我们实际上证明了下列结论: 若 B 包含一个有限生成的 A- 模 C 使得 $bC \subseteq C$, 则 b 在 A 上整.

由定理 7.1 即得

推论 7.1 设 $A \subseteq C \subseteq B$ 是环, 如果 C 作为 A- 模是有限生成的, 则 C 在 A 上是整的.

推论 7.2 设 $A \subseteq B$ 是环, 若 $b_1, \cdots, b_n \in B$ 在 A 上都是整的, 则 $A[b_1, \cdots, b_n]$ 是一个有限生成的 A- 模.

证明 对 n 用归纳法. 当 $n = 1$ 时, 由定理 7.1, $A[b_1]$ 是一个有限生成的 A- 模. 再假设 $n > 1$ 且结论对 $n-1$ 成立. 于是 $A[b_1, \cdots, b_{n-1}]$ 是一个有限生成的 A- 模. 而由 b_n 在 A 上整即得 b_n 在 $A[b_1, \cdots, b_{n-1}]$ 上也是整的, 从而再根据定理 7.1, $A[b_1, \cdots, b_{n-1}][b_n]$ 是一个有限生成的 $A[b_1, \cdots, b_{n-1}]$- 模. 因而由 $A[b_1, \cdots, b_{n-1}]$ 是有限生成 A- 模得 $A[b_1, \cdots, b_{n-1}][b_n]$ 是一个有限生成的 A- 模. 又 $A[b_1, \cdots, b_{n-1}][b_n] = A[b_1, \cdots, b_n]$, 故结论成立. □

推论 7.3(整性的传递性) 设 $A \subseteq B \subseteq C$ 是环, 如果 B 在 A 上整且 C 在 B 上整, 则 C 在 A 上也是整的.

证明 假设 $c \in C$. 则由 C 在 B 上整得 $c^n + b_1c^{n-1} + \cdots + b_n = 0$, 其中 $b_1, \cdots, b_n \in B$. 于是 c 在 $A[b_1, \cdots, b_n]$ 上是整的. 故由定理 7.1, $A[b_1, \cdots, b_n][c]$ 是一个有限生成的 $A[b_1, \cdots, b_n]$- 模. 而根据推论 7.2, 由 $b_1, \cdots, b_n$ 在 A 上整得到 $A[b_1, \cdots, b_n]$ 是一个有限生成的 A- 模. 因而 $A[b_1, \cdots, b_n][c]$ 是有限生成的 A- 模, 而 $c \in A[b_1, \cdots, b_n][c]$, 即得 c 在 A 上是整的. □

推论 7.4 设 $A \subseteq B$ 是环. 令 $\overline{A}$ 是 B 中所有在 A 上整的元素所组成的集合. 则 $\overline{A} \supseteq A$ 且 $\overline{A}$ 是 B 的一个子环.

证明 显然 $\overline{A} \supseteq A$. 对任意 $b_1, b_2 \in \overline{A}$, 由于根据推论 7.2, $A[b_1, b_2]$ 是有限生成的 A- 模, 而 $b_1b_2, b_1 \pm b_2 \in A[b_1, b_2]$, 所以 $b_1b_2, b_1 \pm b_2 \in \overline{A}$. 因而 $\overline{A}$ 是 B 的一个子环. □

定义 7.2 称 $\overline{A}$ 为 A 在 B 中的**整闭包**; 如果 $\overline{A} = A$, 则称 A 在 B 中是**整闭的**.

于是, 根据例 7.1, $\mathbb{Z}$ 在 $\mathbb{Q}$ 中是整闭的; $F[X_1, \cdots, X_n]$ 在 $F(X_1, \cdots, X_n)$ 中也是整闭的.

推论 7.5 设 $A \subseteq B$ 是环. 则 $\overline{\overline{A}} = \overline{A}$, 即 $\overline{A}$ 在 B 中是整闭的.

证明 假设 $b \in \overline{\overline{A}}$. 则 b 在 $\overline{A}$ 上是整的, 于是由推论 7.3, b 在 A 上也是整的. 因而 $b \in \overline{A}$, 所以 $\overline{\overline{A}} = \overline{A}$. □

7.2 正 规 环

定义 7.3 设 A 是一个整环, K 是 A 的商域. 如果 A 在 K 中是整闭的, 则称 A 是一个**正规环**.

例如, 根据例 7.1, 整数环 $\mathbb{Z}$ 是一个正规环; 若 F 是域, 则多项式环 $F[X_1, \cdots, X_n]$ 也是一个正规环.

命题 7.1 若 A 是正规环, 则对 A 的任意素理想 $\mathfrak{p}$, $A_\mathfrak{p}$ 也是正规环.

证明 假设 K 是 A 的商域, 则 K 也是 $A_\mathfrak{p}$ 商域. 对任意 $\alpha \in K$, 假设 α 在 $A_\mathfrak{p}$ 上是整的. 则有

$$\alpha^n + \beta_1\alpha^{n-1} + \cdots + \beta_n = 0,$$

其中 $\beta_1, \cdots, \beta_n \in A_\mathfrak{p}$. 令 $\beta_i = \dfrac{a_i}{s_i}$, $a_i \in A$, $s_i \in A \setminus \mathfrak{p}$, $i = 1, \cdots, n$. 再令 $s = s_1 \cdots s_n$, 则 $s \in A \setminus \mathfrak{p}$. 在上式两边同乘 s^n 得

$$(s\alpha)^n + c_1(s\alpha)^{n-1} + \cdots + c_n = 0,$$

其中 $c_1, \cdots, c_n \in A$. 于是 $s\alpha$ 在 A 上是整的. 由于 A 是正规环, 所以必有 $s\alpha \in A$. 因而 $\alpha \in A_\mathfrak{p}$, 这就证明了 $A_\mathfrak{p}$ 也是正规环. □

定理 7.2 设 A 是整环, 则 A 是正规环当且仅当对 A 的任意极大理想 $\mathfrak{m}$, $A_\mathfrak{m}$ 都是正规环.

证明 必要性由命题 7.1 即得. 下证充分性.

假设对每个极大理想 $\mathfrak{m}$, $A_\mathfrak{m}$ 都是正规环. 令 A 的商域为 K. 设 $\alpha \in K$ 在 A 上是整的, 则 α 在每个 $A_\mathfrak{m}$ 上也是整的. 从而由假设, $\alpha \in A_\mathfrak{m}$, 于是

$$\alpha \in \bigcap_{\mathfrak{m}\text{ 为 }A\text{ 的极大理想}} A_\mathfrak{m}.$$

我们来证明上面的交就是 A, 即, 若 A 是整环, 则

$$A = \bigcap_{\mathfrak{m}\text{ 为 }A\text{ 的极大理想}} A_\mathfrak{m}.$$

显然 A 含在这个交之中, 又若 $\beta \in K \setminus A$, 则 $A :_A \beta = \{a \in A \mid a\beta \in A\}$ (α 的分母理想) 是 A 的一个理想, 且是真理想 (否则由 $1 \in A$ 即得 $\beta \in A$). 从而, 存在 A 的某个极大理想 $\mathfrak{m}$ 使得 $A :_A \beta \subseteq \mathfrak{m}$. 则必有 $\beta \notin A_\mathfrak{m}$, 因为若 $\beta = \dfrac{b}{a} \in A_\mathfrak{m}$, $b \in A$, $a \in A \setminus \mathfrak{m}$, 则 $a \in A :_A \beta$, 矛盾. 定理得证. □

我们来考察环的正规性与正则性之间的关系.

定理 7.3　正则的 Noether 整环一定是正规环.

证明　假设 A 是一个正则的整环, 则由定义, 对 A 的任意极大理想 $\mathfrak{m}$, $A_{\mathfrak{m}}$ 是正则局部环. 而由定理 7.2, 为证明 A 是正规环, 只需证明每个这样的 $A_{\mathfrak{m}}$ 都是正规局部环. 所以, 只需假设 $(A,\mathfrak{m})$ 是一个 d 维的正则局部环, 我们来证明 A 是正规的.

设 k 是 A 的剩余类域, K 是 A 的商域. 假设 $\frac{a}{b}\in K$ (其中 $a,b\in A$) 在 A 上是整的, 为证明 $\frac{a}{b}\in A$, 即 $a\in bA$, 只需证明 $a\in bA+\mathfrak{m}^n$ 对所有 $n>0$ 都成立, 这是因为 $\cap_{n>0}(bA+\mathfrak{m}^n)=bA$(见第 4 章习题 8). 显然 $a\in bA+\mathfrak{m}^0=A$.

给定 $n>0$, 假设 $a\in bA+\mathfrak{m}^{n-1}$, 我们来证明 $a\in bA+\mathfrak{m}^n$. 事实上, 我们可以不妨假设 $a\in\mathfrak{m}^{n-1}$. 因为, 由 $a\in bA+\mathfrak{m}^{n-1}$ 得 $a=br+a'$, $r\in A$, $a'\in\mathfrak{m}^{n-1}$, 则 $\frac{a'}{b}=\frac{a}{b}-r$ 在 A 上也是整的且 $\frac{a}{b}\in A$ 当且仅当 $\frac{a'}{b}\in A$. 以 a' 换 a, 下面假设 $a\in\mathfrak{m}^{n-1}$, 我们来证明 $a\in bA+\mathfrak{m}^n$.

根据定理 7.1, $A\left[\frac{a}{b}\right]$ 是一个有限生成的 A-模. 若 $A\left[\frac{a}{b}\right]=A\frac{a_1}{b_1}+\cdots+A\frac{a_r}{b_r}$, 则若令 $c=b_1\cdots b_r$, 就有 $cA\left[\frac{a}{b}\right]\subseteq A$. 而每个 $\left(\frac{a}{b}\right)^m\in A\left[\frac{a}{b}\right]$, 所以, 存在 A 中的非零元 c 使得 $c\left(\frac{a}{b}\right)^m\in A$ 对所有 $m>0$ 都成立. 从而 $ca^m\in b^mA$ 对所有 $m>0$ 都成立.

令 $G=\mathcal{G}_{\mathfrak{m}}(A)$, 则由定理 6.8, $G\cong k[X_1,\cdots,X_d]$, 于是 G 是一个正规环. 在 G 中, 首元关系 $c^*a^{*m}\in b^{*m}G$ 对所有 $m>0$ 都成立. 从而, 在 G 的商域中有 $G\left[\frac{a^*}{b^*}\right]\subseteq\frac{1}{c^*}G$. 而后者是有限生成的 G-模, 所以 $G\left[\frac{a^*}{b^*}\right]$ 也是有限生成的 G-模. 于是, 由定理 7.1, $\frac{a^*}{b^*}$ 在 G 上是整的. 但 G 是正规环, 我们得到 $\frac{a^*}{b^*}\in G$, 故 $a^*=b^*d^*$, 其中 $d\in A$. 因为 $a\in\mathfrak{m}^{n-1}$, 所以 $a^*=a+\mathfrak{m}^r\in\mathfrak{m}^{r-1}/\mathfrak{m}^r$, 其中必有 $r\geqslant m$. 于是由 $a^*=b^*d^*$ 得 $a-bd\in\mathfrak{m}^r$, 即 $a\in bA+\mathfrak{m}^n$.

根据归纳法, 我们得到 $a\in bA+\mathfrak{m}^n$ 对所有 $n>0$ 都成立. 定理得证. □

下列结论是正规环的重要性质.

定理 7.4　设 A 是 Noether 的正规环, $\mathfrak{p}$ 是 A 的一个素理想. 如果 $\mathrm{ht}(\mathfrak{p})=1$, 则 $A_{\mathfrak{p}}$ 是正则环.

证明　由命题 7.1, $A_{\mathfrak{p}}$ 是正规环. 我们只需证明, 维数为 1 的正规 Noether 局部环一定是正则的.

假设 $(A,\mathfrak{m})$ 是维数为 1 的 Noether 正规环, 我们来证明 $\mathfrak{m}$ 是主理想. 令 K 是 A 的商域. 对任意 $a\neq 0\in\mathfrak{m}$, 则 $\mathfrak{m}$ 是包含 (a) 的唯一的素理想, 故 $\sqrt{(a)}=\mathfrak{m}$. 从而, 存在 $n>0$ 使得 $\mathfrak{m}^n\subseteq(a)$ 但 $\mathfrak{m}^{n-1}\not\subseteq(a)$. 任取 $b\in\mathfrak{m}^{n-1}\setminus(a)$. 令 $x=\frac{a}{b}\in K$. 由 $b\notin(a)$ 知 $x^{-1}=\frac{b}{a}\notin A$. 而 A 在 K 中是整闭的, 所以, 必有 x^{-1} 在 A 上不是整

的.

注意到, $x^{-1}\mathfrak{m}=\frac{b}{a}\mathfrak{m}\subseteq\frac{1}{a}\mathfrak{m}^n\subseteq A$ 且 $x^{-1}\mathfrak{m}$ 是 A 的一个理想. 如果 $x^{-1}\mathfrak{m}$ 不是 A 的真理想, 即 $x^{-1}\mathfrak{m}=A$, 则 $\mathfrak{m}=xA$ 是主理想, 结论成立. 下面假设 $x^{-1}\mathfrak{m}$ 是 A 的真理想, 则 $x^{-1}\mathfrak{m}\subseteq\mathfrak{m}$. 令 $\mathfrak{m}=(a_1,\cdots,a_r)$, 则类似于定理 7.1 的 (3) ⇒ (1) 的证明部分有 $x^{-1}a_i=\sum_{j=1}^{r}m_{ij}a_j$, $m_{ij}\in A$, $i,j=1,\cdots,r$. 于是有

$$\begin{pmatrix} x^{-1}-m_{11} & -m_{12} & \cdots & -m_{1r} \\ -m_{21} & x^{-1}-m_{22} & \cdots & -m_{2r} \\ \vdots & \vdots & & \vdots \\ -m_{r1} & -m_{r2} & \cdots & x^{-1}-m_{rr} \end{pmatrix}\begin{pmatrix} a_1 \\ a_2 \\ \vdots \\ a_r \end{pmatrix}=\begin{pmatrix} 0 \\ 0 \\ \vdots \\ 0 \end{pmatrix}.$$

令上式左边的矩阵为 D(这是域 K 上的一个 $r\times r$ 矩阵), 在上式两边左乘 D 的伴随矩阵则得:

$$\begin{pmatrix} |D| & 0 & \cdots & 0 \\ 0 & |D| & \cdots & 0 \\ \vdots & \vdots & & \vdots \\ 0 & 0 & \cdots & |D| \end{pmatrix}\begin{pmatrix} a_1 \\ a_2 \\ \vdots \\ a_r \end{pmatrix}=\begin{pmatrix} 0 \\ 0 \\ \vdots \\ 0 \end{pmatrix},$$

即, $|D|a_i=0$, $i=1,\cdots,r$. 则 $|D|\mathfrak{m}=0$, 而 $\mathfrak{m}\neq 0$, 所以 $|D|=0$. 展开 $|D|$ 即可看出 x^{-1} 在 A 上是整的, 矛盾. 定理得证. □

于是, 综合定理 7.3 和 7.4, 对维数为 1 的 Noether 局部环, 正则性与正规性是一致的, 这样的环就是离散赋值环.

7.3 代数簇的正规性

定义 7.4 设 V 是一个代数簇, P 是 V 上的一点. 如果 $\mathcal{O}_{V,P}$ 是正规环, 则称 V 在 P 处是**正规的**; 如果 V 在其每一点处都是正规的, 则称 V 是一个**正规代数簇**.

定理 7.5 V 是正规代数簇当且仅当 V 的坐标环 $A(V)$ 是正规环.

证明 根据定义, V 是正规代数簇当且仅当对 V 的任意点 P, $\mathcal{O}_{V,P}$ 都是正规环, 即对 $A(V)$ 的任意极大理想 $\mathfrak{m}$, $A(V)_{\mathfrak{m}}$ 都是正规环. 由定理 7.2, 这等价于 $A(V)$ 是正规环. □.

定义 7.5 设 V 是一个代数簇, 如果对 $A(V)$ 的高度为 1 的任意素理想 $\mathfrak{p}$, $A(V)_{\mathfrak{p}}$ 都是正则局部环, 则称 V 是**余维数 1 非奇异的**.

余维数 1 非奇异的代数簇是一类重要的代数簇, 在其上可以定义除子 (divisor), 而除子是研究代数簇性质的重要工具.

定理 7.6　正规代数簇是余维数 1 非奇异的.

证明　设 V 是一个正规代数簇, 则由定理 7.5, $A(V)$ 是正规环. 于是由定理 7.4, 对 $A(V)$ 的高度为 1 的任意素理想 $\mathfrak{p}$, $A(V)_{\mathfrak{p}}$ 都是正则环, 故 V 是余维数 1 非奇异的. □

设 $V \subseteq F^n$ 是一个代数簇, 则 $A(V)$ 是一个整环. 令 $\overline{A(V)}$ 是 $A(V)$ 在其商域中的整闭包, 则由著名的**整闭包有限性定理**(参见文献 [9] 的第 267 页)$\overline{A(V)}$ 也是 F 上的一个有限生成代数. 令 $\overline{A(V)} = F[a_1, \cdots, a_m]$, 则

$$\overline{A(V)} = F[X_1, \cdots, X_m]/P,$$

其中 P 是 $F[X_1, \cdots, X_m]$ 的一个素理想. 令 $\widetilde{V} = V(P) \subseteq F^m$, 则 $\widetilde{V}$ 是 F^m 中的一个代数簇且 $A(\widetilde{V}) = \overline{A(V)}$. 而根据推论 7.5, $\overline{A(V)}$ 在 $A(V)$ 的商域 (它也是 $A(\widetilde{V})$ 的商域) 中是整闭的, 即, $A(\widetilde{V})$ 在其商域中是整闭的. 所以, $A(\widetilde{V})$ 是正规环, 从而 $\widetilde{V}$ 是一个正规代数簇, 称之为 V **的正规化**.

习　题

1. 设 A 是正规环, 证明 $A[X]$ 也是正规环.
2. 证明: Noether 的正规环满足 (S_2) 和 (R_1).
3. 设 I 是环 R 的一个理想, $\alpha \in R$ 称为是在 I 上整的, 如果存在 $n > 0$ 使得

$$\alpha^n + a_1\alpha^{n-1} + \cdots + a_n = 0, \quad a_i \in I^i, i = 1, \cdots, n.$$

证明: α 在 I 上整当且仅当对 $R(I) = \bigoplus_{n\geqslant 0} I^n \subseteq S = \bigoplus_{n\geqslant 0} S_n = S_0[S_1]$, $S_0 = R$, $\alpha \in S_1$, α 在环 $R(I)$ 上是整的.

第 8 章　组合交换代数初步

组合交换代数是 20 世纪 80 年代起发展起来的一个新的交换代数分支, 其经典著作是 Stanley 的专著 [7]. 人们把组合中的一些问题化成域上多元多项式环的单项式理想有关的问题, 用交换代数方法研究这些单项式理想 (或其商环) 的性质, 可以得到对应的组合上的性质. 本章是组合交换代数的基本内容.

8.1　单项式理想

设 K 是一个域, $K[X_1,\cdots,X_n]$ 是 K 上的 n 元多项式环. 则作为 K 上的向量空间, $X_1^{a_1}\cdots X_n^{a_n}$, $a_i\geqslant 0$, $i=1,\cdots,n$, (约定 $x_i^0=1$), 构成 $K[X_1,\cdots,X_n]$ 的一组基. 我们称形如 $X_1^{a_1}\cdots X_n^{a_n}$ 的多项式为**单项式**. 注意到, 1 是唯一的零次单项式. $K[X_1,\cdots,X_n]$ 中的由某些单项式生成的理想称为是**单项式理想**. 我们也称形如 $X_{i_1}\cdots X_{i_r}$ 的单项式为**无平方单项式**, $K[X_1,\cdots,X_n]$ 中的由某些无平方单项式生成的理想称为是**无平方单项式理想**.

下面讨论的单项式及理想都在多项式环 $R=K[X_1,\cdots,X_n]$ 中.

在 4.1 节中, 我们讨论过分次理想, 单项式理想是比分次理想更特殊的一类理想.

引理 8.1　设 I 是一个单项式理想, $u_1,\cdots,u_r$ 是单项式使得 $I=(u_1,\cdots,u_r)$, 则对任意单项式 u, $u\in I$ 当且仅当 u 被某个 u_i 所整除.

证明　充分性是显然的. 下证必要性. 假设 $u\in I$, 则 $u=f_1u_1+\cdots+f_ru_r$, 其中 $f_1,\cdots,f_r$ 是多项式. 由于 $u_1,\cdots,u_r$ 和 u 都是单项式, 所以必有单项式 v 及某个 u_i 使得 $u=vu_i$, 故 u 被 u_i 所整除. □

假设单项式理想 I 由单项式 $u_1,\cdots,u_r$ 生成, 去掉 $u_1,\cdots,u_r$ 多余的单项式, 即, 是另一单项式倍元的单项式, 不妨设 $u_1,\cdots,u_r$ 是极小的, 即 $\{u_1,\cdots,u_r\}$ 是 I 的极小生成元集. 在一般的理想中, 极小生成元集是不一定唯一的, 但单项式理想具有唯一的极小生成元集.

引理 8.2　设 I 是一个单项式理想, 则存在唯一的极小的单项式集合 $\{u_1,\cdots,u_r\}$ 使得 $I=(u_1,\cdots,u_r)$, 记 $\{u_1,\cdots,u_r\}$ 为 $G(I)$. $\{u_1,\cdots,u_r\}$ 就是 I 的任意一个极小的单项式生成元集合.

证明　假设 $I=(u_1,\cdots,u_s)=(v_1,\cdots,v_t)$, 其中 $u_1,\cdots,u_s$ 和 $v_1,\cdots,v_t$ 都是 I 的极小生成元集合. 对任意 i, 根据引理 8.1, 存在某个 j_i 使得 $v_{j_i}\mid u_i$, 类似地, 对

这个 j_i, 存在 i' 使得 $u_{i'} \mid v_{j_i}$, 于是 $u_{i'} \mid u_i$. 由生成元集的极小性得 $i = i'$, 从而 $u_i = v_{j_i}$. 因而 $\{u_1, \cdots, u_s\} \subseteq \{v_1, \cdots, v_t\}$. 对称地有 $\{v_1, \cdots, v_t\} \subseteq \{u_1, \cdots, u_s\}$, 引理得证. □

设 f 是一个非零多项式, 则 f 可以唯一地表示成

$$f = f_{i_1} + \cdots + f_{i_r},$$

其中 f_{i_j} 是单项式的非零常数倍, $j = 1, \cdots, r$. 若 $f_{i_j} = a_{ij}u_{i_j}$, 其中 $a_{ij} \neq 0 \in K$, u_{i_j} 是单项式, 则 $u_{i_1}, \cdots, u_{i_r}$ 互不相同. 我们称 $u_{i_1}, \cdots, u_{i_r}$ 是 f 的单项式, 记为 $\mathrm{supp}(f)$, 称之为 f 的**支撑集**. 注意到, 若 u 是一个单项式, 则 $\mathrm{supp}(uf) = u\mathrm{supp}(f)$.

引理 8.3　设 I 是单项式理想, $f \neq 0$ 是一个多项式, 则 $f \in I$ 当且仅当 $\mathrm{supp}(f) \subseteq I$.

证明　充分性是显然的. 下证必要性. 假设 $f \in I$, 令 $G(I) = \{u_1, \cdots, u_r\}$, 则 $f = f_1u_1 + \cdots + f_ru_r$. 设 $u \in \mathrm{supp}(f)$, 则有某个 i 使得 $u \in \mathrm{supp}(f_iu_i)$. 而 $\mathrm{supp}(f_iu_i) = u_i\mathrm{supp}(f_i)$, 故 $u_i \mid u$, 从而 $u \in I$. 所以 $\mathrm{supp}(f) \subseteq I$. □

下面的关于单项式理想的性质将会经常用到.

引理 8.4　设 I,J 和 L 是单项式理想, 则有

(1) $I \cap (J + L) = I \cap J + I \cap L$;

(2) $I + J \cap L = (I + J) \cap (I + L)$.

证明　(1) 只需证明左式含在右式之中. 注意到, $I\cap(J+L)$ 是一个单项式理想. 所以, 只需证明, 左式中的每个单项式都含在右式之中. 设单项式 $u \in I \cap (J + L)$, 则 $u \in I$ 且 $u \in J+L$. 由于 u 是单项式且 J 和 L 也是单项式理想, 故由 $u \in J + L$ 即得 $u \in J$ 或 $u \in L$. 所以 $u \in I \cap J$ 或 $u \in I \cap L$. 结论成立.

(2) 由 (1) 得

$$\begin{aligned}(I + J) \cap (I + L) &= (I + J) \cap I + (I + J) \cap L \\ &= I + (I + J) \cap L \\ &= I + I \cap L + J \cap L \\ &= I + J \cap L.\end{aligned}$$

□

下面, 我们来考察单项式理想是素理想或准素理想时所具有的形式.

命题 8.1　设 I 是单项式理想, 则 I 是素理想当且仅当 $I = (X_{i_1}, \cdots, X_{i_r})$, 即, I 是由某些不定元生成的.

证明　充分性由命题 1.1 即得. 反过来, 假设 I 是素理想. 令 $G(I) = \{u_1, \cdots, u_r\}$. 若某个 $u_i = X_j^{a_j}X_l^{a_l}u_i'$, $j \neq l$, $a_j \neq 0$,$a_l \neq 0$, 则 $X_j^{a_j} \notin I$, $X_l^{a_l}u_i' \notin I$, 但

$X_j^{a_j}\ X_l^{a_l}u_i' \in I$, 这与 I 是素理想相矛盾. 所以, I 是由某些不定元生成的. 命题得证. □

设 I 是一个单项式理想, 我们称 I 的作为单项式理想的交的一个分解 $I = Q_1 \cap \cdots \cap Q_r$ **是既约的**, 如果其中没有一个 Q_i 可以从分解式中去掉.

定理 8.1 设 I 是一个单项式理想. 则 I 可以分解成:

$$I = Q_1 \cap \cdots \cap Q_r,$$

其中 Q_i 都具有形式 $(X_{i_1}^{a_1}, \cdots, X_{i_k}^{a_k})$, $a_j > 0, j = 1, \cdots, k$. 而且, I 的这样的既约的分解式是唯一的 (在不计 $Q_1, \cdots, Q_r$ 的顺序的意义下).

证明 令 $G(I) = \{u_1, \cdots, u_m\}$. 如果某个, 例如 u_1, 不能表示成 $X_{i_j}^{a_i}$ 的形式, 则有 $u_1 = wv$, 其中 $w \neq 1$, $v \neq 1$ 是互素的单项式. 我们来证明 $I = I_1 \cap I_2$, 其中 $I_1 = (w, u_2, \cdots, u_m)$, $I_2 = (v, u_2, \cdots, u_m)$.

显然 $I \subseteq I_1 \cap I_2$. 反过来, 假设 $u \in I_1 \cap I_2$ 是一个单项式. 若 u 是 $u_2, \cdots, u_m$ 中的某个单项式的倍式, 则 $u \in I$. 如若不然, 则由 $u \in I_1$ 知 $w \mid u$, 又由 $u \in I_2$ 知 $v \mid u$. 而 w 和 v 是互素的, 所以 $wv \mid u$, 即, $u_1 \mid u$, 从而 $u \in I$, 所以 $I = I_1 \cap I_2$.

如果 $G(I_1)$ 或 $G(I_2)$ 中仍含有单项式不具有 $X_{i_j}^{a_i}$ 的形式, 则重复上面做法. 有限步后, 则可将 I 表示成 $I = Q_1 \cap \cdots \cap Q_r$, 其中每个 Q_i 都具有形式 $(X_{i_1}^{a_1}, \cdots, X_{i_k}^{a_k})$. 去掉多余的项, 即得 I 的一个既约的分解式.

再证这样的既约的分解式是唯一的. 假设 $Q_1 \cap \cdots \cap Q_s = Q_1' \cap \cdots \cap Q_t'$, 对任意 $i = 1, \cdots, s$, 我们来证明存在某个 j 使得 $Q_j' \subseteq Q_i$. 于是, 对称地, 对这个 j, 存在某个 i' 使得 $Q_{i'} \subseteq Q_j'$. 则 $Q_{i'} \subseteq Q_j' \subseteq Q_i$, 从而 $Q_i = Q_j'$, 故 $\{Q_1, \cdots, Q_s\} \subseteq \{Q_1', \cdots, Q_t'\}$, 对称地也有 $\{Q_1', \cdots, Q_t'\} \subseteq \{Q_1, \cdots, Q_s\}$, 唯一性得证.

不妨设 $Q_i = (X_1^{a_1}, \cdots, X_k^{a_k})$. 假设 $Q_j' \not\subseteq Q_i$, $j = 1, \cdots, t$. 则对任意 j, 存在某个 $X_{l_j}^{b_j} \in Q_j' \setminus Q_i$, 于是, 或者 $l_j > k$, 或者 $l_j \leqslant k$ 但 $b_j < a_{l_j}$. 令 $u = \mathrm{lcm}\{X_{l_1}^{b_1}, \cdots, X_{l_t}^{b_t}\}$ 为 $X_{l_1}^{b_1}, \cdots, X_{l_t}^{b_t}$ 的最小公倍式. 则 $u \in Q_1' \cap \cdots \cap Q_t' \subseteq Q_i$. 但由性质 "或者 $l_j > k$, 或者 $l_j \leqslant k$ 但 $b_j < a_{l_j}$" 知 $u \notin Q_i$, 矛盾. 定理得证. □

定义 8.1 单项式理想 I 称为是**不可约的**单项式理想, 如果 I 不能表示成两个比 I 更大的两个单项式理想的交.

推论 8.1 设 I 是单项式理想, 则 I 是不可约的单项式理想当且仅当 I 可以由某些形如 $X_j^{a_j}$ 的单项式所生成, 即, I 是由某些不定元的方幂所生成的.

证明 必要性. 假设 I 是不可约的单项式理想. 如果存在 $u \in G(I)$ 使得 $u = wv$, 其中 $w \neq 1$, $v \neq 1$ 是互素的单项式, 则由上面定理 8.1 的证明部分知, I 可以表示成两个更大的单项式理想的交. 这与 I 不可约相矛盾. 所以, I 可以由某些形如 $X_j^{a_j}$ 的单项式所生成.

充分性. 假设 $I=(X_{i_1}^{a_1},\cdots,X_{i_k}^{a_k})$. 如果 $I=I_1\cap I_2$, 其中 I_1 和 I_2 是比 I 更大的单项式理想. 根据定理 8.1, I_1 和 I_2 都可以分解成形如 $(X_{j_1}^{b_1},\cdots,X_{j_l}^{b_l})$ 的单项式理想的交:

$$
\begin{aligned}
I_1&=Q_1\cap\cdots\cap Q_s,\\
I_2&=Q_1'\cap\cdots\cap Q_t'.
\end{aligned}
$$

于是 $I=Q_1\cap\cdots\cap Q_s\cap Q_1'\cap\cdots\cap Q_t'$. 再根据定理 8.1 的唯一性, I 必有是 $Q_1,\cdots,Q_s,Q_1',\cdots,Q_t'$ 中的某一个. 但这样的分解是不存在的. 所以, I 是不可约的. □

因而, 每个单项式理想都可以唯一地表示成不可约单项式理想的既约交. 事实上, 上面定理 8.1 的论证中已经给出了如何将一个单项式理想表示成不可约单项式理想的既约交的方法, 即, 若 $I=(u_1,\cdots,u_r)$, 则逐个将 $u_1,\cdots,u_r$ 拆成不定元方幂乘积的形式来分解 I. 例如, 令

$$
I=(X_1^2X_2X_3,X_1^3X_4,X_3X_4),
$$

则

$$
\begin{aligned}
I&=(X_1^2,X_1^3X_4,X_3X_4)\cap(X_2X_3,X_1^3X_4,X_3X_4)\\
&=(X_1^2,X_3X_4)\cap(X_2,X_1^3X_4,X_3X_4)\cap(X_3,X_1^3X_4)\\
&=(X_1^2,X_3)\cap(X_1^2,X_4)\cap(X_2,X_1^3,X_3X_4)\cap(X_2,X_4)\cap(X_3,X_1^3)\cap(X_3,X_4)\\
&=(X_1^3,X_3)\cap(X_1^2,X_4)\cap(X_2,X_4)\cap(X_3,X_4).
\end{aligned}
$$

推论 8.2　无平方单项式理想 I 可以表示成单项式素理想的既约交:

$$
I=P_1\cap\cdots\cap P_s,
$$

此时, $\{P_1,\cdots,P_s\}$ 就是包含 I 的所有极小素理想.

证明　由于 I 是无平方的, 所以根据上面定理 8.1 的证明部分的方法将 I 表示成形如 $(X_{j_1}^{b_1},\cdots,X_{j_l}^{b_l})$ 的单项式理想的交时, 这样的单项式理想都是素理想. 从而, I 可以表示成上面形式的单项式素理想的既约交. 注意到, 这样的分解是 I 的一个约化的准素分解, 又 $P_1,\cdots,P_s$ 互不包含, 所以, 根据定理 3.6 和命题 3.12, $\{P_1,\cdots,P_s\}$ 就是包含 I 的所有极小素理想. □

根据以上推论, 无平方单项式理想没有嵌入素理想.

命题 8.2　单项式理想 $(X_{i_1}^{a_1},\cdots,X_{i_r}^{a_r})$ 是 $(X_{i_1},\cdots,X_{i_r})$- 准素的.

证明　令 $Q=(X_{i_1}^{a_1},\cdots,X_{i_r}^{a_r})$, $P=(X_{i_1},\cdots,X_{i_r})$. 首先证明 Q 是准素的. 假设 $uv\in Q$ 但 $u\notin Q$, 我们来证明, 存在 $m>0$ 使得 $v^m\in Q$. 由于 Q 是单项式理想,

我们可以不妨假设 u 和 v 都是单项式. 由 $uv \in Q$ 知, 存在某个 j 使得 $X_{i_j}^{a_j} \mid uv$. 而由 $u \notin Q$ 得 $X_{i_j}^{a_j} \nmid u$, 于是, 必有 $X_{i_j} \mid v$. 则 $v^{a_j} \in Q$. 这就证明了 Q 是准素理想.

再证明 $\sqrt{Q} = P$. 显然 $P \subseteq \sqrt{Q}$. 又若 $u \in \sqrt{Q}$, 我们来证明 $u \in P$. 我们不妨假设 u 是单项式. 设有 $m > 0$ 使得 $u^m \in Q$, 则 u^m 被某个 $X_{i_j}^{a_j}$ 所整除. 可见, 必有 $X_{i_j} \mid u$, 从而 $u \in P$, 命题得证. □

于是, 上面定理 8.1 中的分解是一个准素分解, 我们称 I 的这样的既约分解为 I 的**标准准素分解**.

注意到, 单项式理想的标准准素分解是唯一的, 但标准准素分解不一定是约化的准素分解.

由单项式理想的标准准素分解式, 立即得到

推论 8.3 单项式理想的相伴素理想都是单项式理想.

进一步地, 我们还有

推论 8.4 设 I 是单项式理想, $P \in \mathrm{Ass}_R(R/I)$, 则存在单项式 u 使得 $P = I : u$.

证明 假设 $P = I : f$, 其中 f 是一个多项式. 令 $f = u_1 + \cdots + u_r$, 其中 $u_1, \cdots, u_r$ 是互不相同的单项式的非零常数倍. 则 $\cap_{i=1}^r (I : u_i) \subseteq I : f = P$. 又若 $X_j \in P$, 则由 $X_j f \in I$ 得 $X_j u_i \in I$, $i = 1, \cdots, r$, 故 $X_j \in \cap_{i=1}^r (I : u_i)$. 所以 $P \subseteq \cap_{i=1}^r (I : u_i)$, 于是 $P = \cap_{i=1}^r (I : u_i)$. 但 P 是不可约的, 则有某个 i 使得 $P = I : u_i$. 结论成立. □

对任意一个单项式理想, 由下面的方法可以得到 (另一多项式环的) 一个无平方单项式理想, 这两个单项式理想具有某些相同的 (例如, Cohen-Macaulay) 性质.

假设 I 是 $R = K[X_1, \cdots, X_n]$ 的一个单项式理想, $S = R/I$. 令 $G(I) = \{f_1, \cdots, f_r\}$. 假设 $G(I)$ 不是无平方的, 例如, 设 X_1 在 $f_1, \cdots, f_r$ 中的至少一项中出现的次数大于 1, 不妨设 $X_1 \mid f_i$, $i = 1, \cdots, s$, 但 $X_1 \nmid f_j, j > s$, 且 X_1 在 f_1 中出现的次数大于 1. 令

$$f_1 = X_1^{a_1} g_1, \cdots, f_s = X_1^{a_s} g_s, \quad X_1 \nmid g_i, i = 1, \cdots, s.$$

于是 $a_1 \geqslant 2$. 添加一个新的不定元 X_0 到 R 上, 令 $R' = R[X_0]$ 及 R' 的理想 $I' = (X_0 X_1^{a_1 - 1} g_1, \cdots, X_0 X_1^{a_s - 1} g_s, f_{s+1}, \cdots, f_r)$. 则我们有

定理 8.2 对 R 的任意单项式理想 I, 令 $S = R/I$. 则存在 R 上的多项式环 R' 及 R' 的无平方单项式理想 I' 使得 $S = S'/(h_1, \cdots, h_t)$, 其中 $S' = R'/I'$, $h_1, \cdots, h_t$ 是一个次数为 1 的 S'- 正则序列. 称 I' 为 I 的**无平方化**单项式理想.

证明 继续上面的讨论, 令 $S' = R'/I'$, $h_1 = X_0 - X_1$, 我们来证明, h_1 不是 S' 的零因子且 $S'/(h_1) = S$. 若 I' 仍不是无平方的, 则类似地做下去, 有限步后即得定理的结论.

注意到, $S'/(h_1) = S$ 是显然的. 我们用反证法来证明 h_1 不是 S' 的零因子.

假设 h_1 是 S' 的零因子, 则存在 $\mathfrak{p} \in \mathrm{Ass}_{S'}(S'/I')$ 使得 $h_1 \in \mathfrak{p}$. 令 $\mathfrak{p} = I' : h$, 其中 h 是一个单项式. 由于 $\mathfrak{p}$ 是单项式理想, 所以由 $h_1 = X_0 - X_1 \in \mathfrak{p}$ 得 $X_0, X_1 \in \mathfrak{p}$, 从而 $X_0 h, X_1 h \in I'$.

由 $X_1 h \in I'$ 知 $X_1 h$ 被 $X_0 X_1^{a_1-1} g_1, \cdots, X_0 X_1^{a_s-1} g_s, f_{s+1}, \cdots, f_r$ 中的某一个所整除. 但由 $X_1 \nmid f_j$, $j > s$ 及 $h \notin I'$ 得 $X_1 h$ 不能被 $f_{s+1}, \cdots, f_r$ 中的任意一个所整除. 从而存在某个 $1 \leqslant i \leqslant s$ 使得 $X_1 h = X_0 X_1^{a_i-1} g_i l_1$,于是 $h = X_0 g_i \dfrac{X_1^{a_i-1} l_1}{X_1}$. 类似地, 由 $X_0 h \in I'$ 及 $h \notin I'$, $X_0 \nmid f_j$, $j > s$ 得存在某个 $1 \leqslant j \leqslant s$ 使得 $X_0 h = X_0 X_1^{a_j-1} g_j l_2$. 则 $X_0 X_1^{a_j-1} g_j l_2 = X_0 h = X_0^2 g_i \dfrac{X_1^{a_i-1} l_1}{X_1}$, 由此即得 $X_0 \mid l_2$. 所以 $h = X_0 X_1^{a_j-1} g_j \dfrac{l_2}{X_0} \in I'$, 矛盾. 定理得证. □

由于 $h_1, \cdots, h_t$ 是一个 S'- 正则序列, 所以, 由上面的定理立即可得:

推论 8.5 R/I 是 Cohen-Macaulay 的当且仅当 R'/I' 是 Cohen-Macaulay 的.

下面的定理的结论将在后面被应用.

定理 8.3 设 $R = K[X_1, \cdots, X_n, Y_1, \cdots, Y_n]$ 是域 K 上的多项式环, M 是 $\{(i,j) \mid 1 \leqslant i < j \leqslant n\}$ 的一个子集. 令 I 是 R 的由 $\{X_i Y_i, Y_k Y_l \mid i = 1, \cdots, n, (k,l) \in M\}$ 生成的理想, 则 R/I 是 Cohen-Macaulay 环.

证明 令 J 是 $K[X_1, \cdots, X_n]$ 的由 $\{X_i^2, X_k X_l \mid i = 1, \cdots, n, (k,l) \in M\}$ 生成的理想. 考虑 J 的无平方化单项式理想, 令对应 X_i 的新增的不定元为 Y_i, 则 J 的无平方化单项式理想 J' 就是 R 的理想 I.

根据推论 8.5, 为证明 R/I 是 Cohen-Macaulay 环, 我们只需证明 $K[X_1, \cdots, X_n]/J$ 是一个 Cohen-Macaulay 环. 注意到, $K[X_1, \cdots, X_n]/J = K[\overline{X}_1, \cdots, \overline{X}_n]$, $\overline{X}_i^2 = 0$, $i = 1, \cdots, n$. 所以, 环 $K[X_1, \cdots, X_n]/J$ 是有有限长度的, 从而其维数为零, 当然是 Cohen-Macaulay 的. 定理得证. □

8.2 单纯复形与无平方单项式理想

代数拓扑中的单形是零维的点, 1 维的线段, 2 维的三角形 (块), 3 维的四面体, 等等. 这些单形都是包含边界的. 代数拓扑中研究单形 (或链), 感兴趣的是边界, 而不是内点. 单形可以看作是一些集合的几何实现. 例如, 设线段的端点为 v_1, v_2, 则这个线段可以看作是集合 $\{v_1, v_2\}$ 的几何实现. 类似地, 设三角形的三个顶点为 v_1, v_2, v_3, 则这三角形可以看作是集合 $\{v_1, v_2, v_3\}$ 的几何实现, 这里的三角形与其边的关系对应于集合 $\{v_1, v_2, v_3\}$ 与其子集 $\{v_1, v_2\}$ 或 $\{v_1, v_3\}$, $\{v_2, v_3\}$ 的关系. 对三角形来说, 重要的是边及边的端点. 对应到集合 $\{v_1, v_2, v_3\}$ 上就是子集 $\{v_1, v_2\}$, $\{v_1, v_3\}$, $\{v_2, v_3\}$, 及它们的子集 $\{v_1\}$, $\{v_2\}$, $\{v_3\}$. 因而, 从代数上来讨论单形, 我们感兴趣的是一个有限集合及这个集合的子集, 这就是下面定义的单纯复形.

定义 8.2 设 $V=\{v_1,\cdots,v_n\}$ 是一个有限集, 则 V 上的一个**单纯复形**Δ 是指由 V 的某些子集组成的一个集合并满足下列条件:

1) $\{v_i\}\in\Delta$, $i=1,\cdots,n$;

2) 若 $F\in\Delta$, 则对任意集合 $G\subseteq F$ 必有 $G\in\Delta$.

例如, 四面体的四个面 (图 8.1) 构成一个单纯复形, 其中, $V=\{v_1,v_2,v_3,v_4\}$, $\Delta=\{\{v_1\},\{v_2\},\{v_3\},\{v_4\},\{v_1,v_2\},\{v_1,v_3\},\{v_1,v_4\},\{v_2,v_3\},\{v_2,v_4\},\{v_3,v_4\},\{v_1,v_2,v_3\},\{v_1,v_2,v_4\},\{v_1,v_3,v_4\},\{v_2,v_3,v_4\}\}$.

又例如, 图 8.2 也是一个单纯复形, 其中, $V=\{v_1,v_2,v_3,v_4,v_5\}$, $\Delta=\{\{v_1\},\{v_2\},\{v_3\},\{v_4\},\{v_5\},\{v_1,v_2\},\{v_2,v_3\},\{v_2,v_4\},\{v_3,v_4\},\{v_2,v_3,v_4\}\}$.

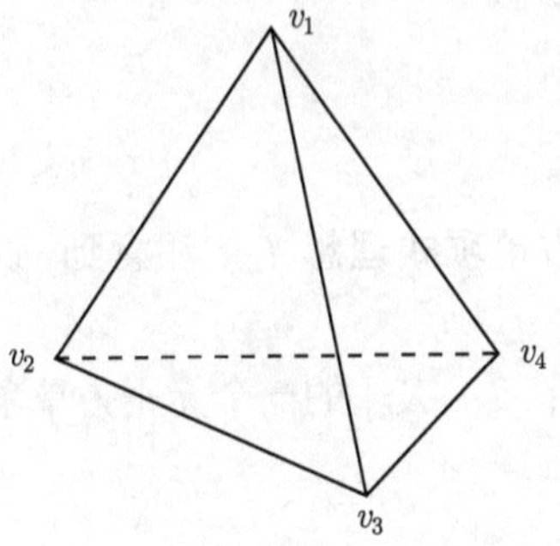

图 8.1

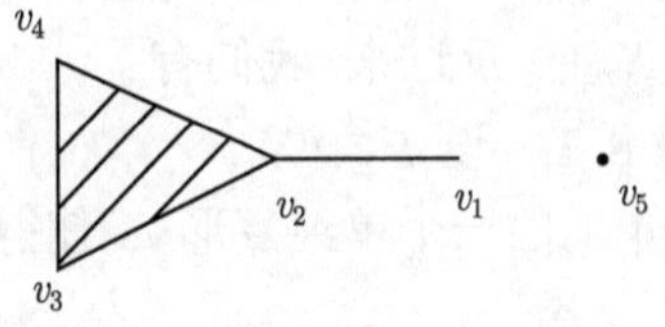

图 8.2

定义 8.3 设 Δ 是 V 上的一个单纯复形. 称 V 中的元素为 Δ 的**顶点**. Δ 中的元素称为是 Δ 的**面**. 在包含关系下极大的面称为是 Δ 的**极大面**.

于是, 极大面就是没有比此更大的面. 由于极大面的所有子集都是面, 所以, 单纯复形事实上是由其极大面所决定的.

注意到, 在代数上研究单纯复形 Δ 的性质, 其顶点集用 $\{v_1,\cdots,v_n\}$ 还是 $\{u_1,\cdots,u_n\}$ 并不重要, 重要的是顶点的下标 $1,2,\cdots,n$, 下标决定了顶点及面的关系, 从而决定了 Δ. 所以, 为了简单起见, 下面我们把单纯复形的顶点集用 $[n]=\{1,2,\cdots,n\}$ 来表示.

定义 8.4 设 Δ 是 $[n]$ 上的一个单纯复形, K 是一个域. 在 $S=K[X_1,\cdots,X_n]$ 中, 对任意子集 $F\subseteq[n]$, 令 $\underline{X}_F=\prod_{i\in F}X_i$. 则 Δ 的 Stanley-Reisner **理想** I_Δ 是 S 的由下列无平方单项式所生成的理想:

$$\underline{X}_F,\ F\notin\Delta.$$

称环 S/I_Δ 为 Δ 的 Stanley-Reisner **环或面环**, 记为 $K[\Delta]$.

例如, 对图 8.1, $I_\Delta = (X_1X_2X_3X_4)$; 对图 8.2,

$$I_\Delta = (X_1X_3, X_1X_4, X_1X_5, X_2X_5, X_3X_5, X_4X_5).$$

下列单纯复形 (图 8.3) 的 Stanley-Reisner 理想为 $I_\Delta = (X_1X_3, X_1X_2X_4, X_2X_3X_4)$.

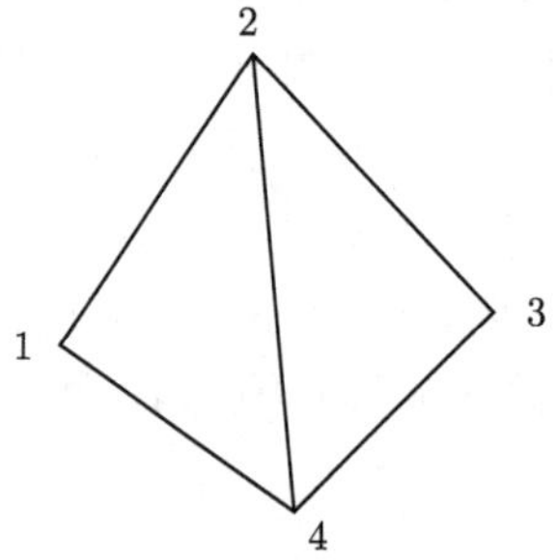

图 8.3

于是, 每个单纯复形 Δ 决定了一个无平方单项式理想 I_Δ. 注意到, 必有 $I_\Delta \subseteq (X_1, \cdots, X_n)^2$. 反过来, 我们有

定理 8.4　设 $I \subseteq (X_1, \cdots, X_n)^2$ 是 $K[X_1, \cdots, X_n]$ 的一个无平方单项式理想, 则存在 $[n]$ 上的一个单纯复形 Δ 使得 $I_\Delta = I$.

证明　令

$$\Delta = \{F \subseteq [n] \mid \underline{X}_F \notin I\}.$$

则由 $X_i \notin I$ 得 $\{i\} \in \Delta$, 又由 I 是理想知, 若 $\underline{X}_F \notin I$, 则 $\underline{X}_G \notin I$ 对任意 $G \subseteq F$ 也成立. 所以, Δ 是一个单纯复形.

再证 $I_\Delta = I$. 对任意 $F \subseteq [n]$, 我们有, $F \notin \Delta$ 当且仅当 $\underline{X}_F \in I$. 而 I_Δ 恰由所有 $F \notin \Delta$ 所对应的 $\underline{X}_F$ 生成的单项式理想. 因而, I_Δ 就是由 I 中所有无平方单项式所生成的理想. 但 I 就是一个无平方单项式理想, 即, 是由一些无平方单项式所生成的, 所以, 必有 $I_\Delta = I$. □

注意到, $[n]$ 上的单纯复形与 $K[X_1, \cdots, X_n]$ 的无平方单项式理想之间的对应关系是反序的, 即, $\Delta \subseteq \Delta'$ 当且仅当 $I_\Delta \supseteq I_{\Delta'}$.

8.3　维数与准素分解

我们知道, 在几何上, 线段的维数为 1, 三角形 (块) 的维数为 2, 四面体的维数为 3. 所以, 下面的关于单纯复形的维数的定义是合理的.

定义 8.5　设 Δ 是一个单纯复形. 若 F 是 Δ 的一个面, 则 F 的**维数**定义为

$|F|-1$, 即, F 中所含元素的个数减去 1, 记为 $\dim(F)$. 定义 Δ 的**维数** $\dim(\Delta)$ 为

$$\dim(\Delta)=\max\{\dim(F)\mid F\in\Delta\}.$$

于是, 若 $F_1,\cdots,F_r$ 是 Δ 的所有极大面, 则 $\dim(\Delta)=\max\{\dim(F_i)\mid i=1,\cdots,r\}$.

因而, 顶点是零维的面.

例如, 图 8.2 的单纯复形的维数为 2, 而图 8.3 的单纯复形的维数为 1.

对任意 $F\subseteq[n]$, 令 $P_F=(X_i\mid i\in F)$ (即 $K[X_1,\cdots,X_n]$ 的由 $X_i, i\in F$, 生成的理想), $\overline{F}=[n]\setminus F$. 设 $u=X_1^{a_1}\cdots X_n^{a_n}$, $a_i\geqslant 0$, $i=1,\cdots,n$, 是一个单项式, 令 $F_u=\{i\in[n]\mid a_i\neq 0\}$.

定理 8.5 设 Δ 是一个单纯复形, 则 I_Δ 的标准准素分解式为

$$I_\Delta=P_{\overline{F_1}}\cap\cdots\cap P_{\overline{F_r}},$$

其中 $F_1,\cdots,F_r$ 是 Δ 的所有极大面.

证明 假设 $u\in I_\Delta$ 是一个单项式, 则 $F_u\notin\Delta$, 故 $F_u\not\subseteq F_i$, $i=1,\cdots,r$. 于是, $F_u\cap\overline{F_i}\neq\varnothing$, $i=1,\cdots,r$, 由此即得 $u\in P_{\overline{F_i}}$, $i=1,\cdots,r$.

反过来, 若单项式 $u\notin I_\Delta$, 则 $F_u\in\Delta$. 从而, 存在极大面 F_i 使得 $F_u\subseteq F_i$. 于是 $u\notin P_{\overline{F_i}}$. 所以, 等式 $I_\Delta=P_{\overline{F_1}}\cap\cdots\cap P_{\overline{F_r}}$ 成立. 又易见, 这样的分解式是既约的, 从而是标准准素分解式. □

定理 8.6 设 Δ 是一个单纯复形, 则 $\dim(\Delta)=\dim(K[\Delta])-1$.

证明 根据定理 8.5 中的标准准素分解式, 我们有

$$\begin{aligned}\dim(K[\Delta])&=\dim(S/I_\Delta)\\&=\max\{\dim(S/P_{\overline{F_i}})\mid i=1,\cdots,r\}\\&=\max\{|F_i|\mid i=1,\cdots,r\}\\&=\dim(\Delta)+1.\end{aligned}$$

□

8.4 f- 向量与 Hilbert 级数

下面定义的 f- 向量是单纯复形的重要的不变量.

设 Δ 是 $[n]$ 上的一个 $d-1$ 维单纯复形, 令 f_i 为 Δ 的维数为 i 的面的个数, 则称

$$f(\Delta)=(f_0,f_1,\cdots,f_{d-1})$$

为 Δ 的 f-**向量**.

于是, f_0 就是 Δ 的顶点的个数, 即 n.

例如, 图 8.1 中的单纯复形的 f- 向量为 $(4,6,4)$, 图 8.2 中的单纯复形的 f- 向量为 $(5,4,1)$, 而图 8.3 中的单纯复形的 f- 向量为 $(4,5)$.

Δ 的 f- 向量与 $K[\Delta]$ 的 Hilbert 级数有如下关系:

定理 8.7　设 $d-1$ 维单纯复形 Δ 的 f- 向量为 $(f_0, f_1, \cdots, f_{d-1})$, 则 $K[\Delta]$ 的 Hilbert 级数为

$$H_{K[\Delta]}(t) = \frac{\sum_{i=0}^{d} f_{i-1}t^i(1-t)^{d-i}}{(1-t)^d},$$

其中约定 $f_{-1} = 1$.

证明　根据定义 $H_{K[\Delta]}(t) = \sum_{m=0}^{\infty} \ell(K[\Delta]_m)t^m$. S 中不在 I_Δ 中的单项式组成了 $K[\Delta]$ 的一个 K- 基, 而 $\ell(K[\Delta]_m)$ 就是 S 中那些次数为 m 且不在 I_Δ 中的单项式的个数.

设 u 是一个单项式, 如前所注意到的, $u \notin I_\Delta$ 当且仅当 F_u 是 Δ 的一个面. 若 $u=1$, 则 $F_u = \varnothing$ 可以认为是 -1 维的面. 令 H 为 S 中所有不在 I_Δ 中的单项式所组成的集合, 对 Δ 的任意一个面 G, 令 H_G 是所有使得 $F_u = G$ 的单项式 u 所组成的集合. 则 H 是所有这样的 H_G 的并, 且对不同的面 G_1 和 G_2, H_{G_1} 与 H_{G_2} 不相交. 所以,

$$|H| = \sum_G |H_G|,$$

其中 G 取遍 Δ 所有面 (包括 $\varnothing$). 令 S_G 为多项式环 $K[\{X_i \mid i \in G\}]$, 则易见,H_G 就是集合

$$\{\underline{X}_G u \mid \ u \text{ 是 } S_G \text{ 中的单项式}\}.$$

若令 $H_G^{(m)}$ 是 H_G 中次数为 m 的所有单项式所组成的集合, 则

$$\begin{aligned} H_{K[\Delta]}(t) &= \sum_{G\in\Delta} \sum_{m=|G|}^{\infty} |H_G^{(m)}|t^m \\ &= \sum_{G\in\Delta} t^{|G|} \sum_{m=0}^{\infty} |H_G^{(m+|G|)}|t^m, \end{aligned}$$

其中 $|\varnothing| = 0$. 由于 $H_G^{(m+|G|)}$ 与 S_G 的所有次数为 m 的单项式组成的集合之间有一个一一对应, 所以

$$\sum_{m=0}^{\infty} |H_G^{(m+|G|)}|t^m = H_{S_G}(t).$$

而根据例 4.3, $H_{S_G}(t)=\dfrac{1}{(1-t)^{|G|}}$. 则

$$
\begin{aligned}
H_{K[\Delta]}(t) &= \sum_{G\in\Delta}\frac{t^{|G|}}{(1-t)^{|G|}}\\
&= \sum_{i=0}^{d} f_{i-1}\frac{t^i}{(1-t)^i}\\
&= \frac{\sum\limits_{i=0}^{d} f_{i-1}t^i(1-t)^{d-i}}{(1-t)^d}.
\end{aligned}
$$

□

令 $f(t)=\sum\limits_{i=0}^{d} f_{i-1}t^i(1-t)^{d-i}$, 我们知道, $K[\Delta]$ 的重复度就是 $f(1)$ (参见 5.1 节), 由定理 8.7 即得

推论 8.6 设 $d-1$ 维单纯复形 Δ 的 f- 向量为 $(f_0, f_1, \cdots, f_{d-1})$, 则 $e(K[\Delta]) = f_{d-1}$, 即所有维数为 $d-1$ 的面的个数.

8.5 图与交换环

首先, 我们来介绍图论的一些基础知识.

定义 8.6 图 G 是一个有序集合对 $(V(G), E(G))$, 其中 $V(G)=\{v_1,\cdots,v_n\}$ 称之为 G 的顶点集, $E(G)$ 是一些无序对 $\{v_i,v_j\}$, $v_i,v_j\in V(G)$, $v_i\neq v_j$, 组成的集合, 称之为 G 的边集合. 我们也称 G 是顶点集 $\{v_1,\cdots,v_n\}$ 上的一个图.

例如, 下列是图 (图 8.4):

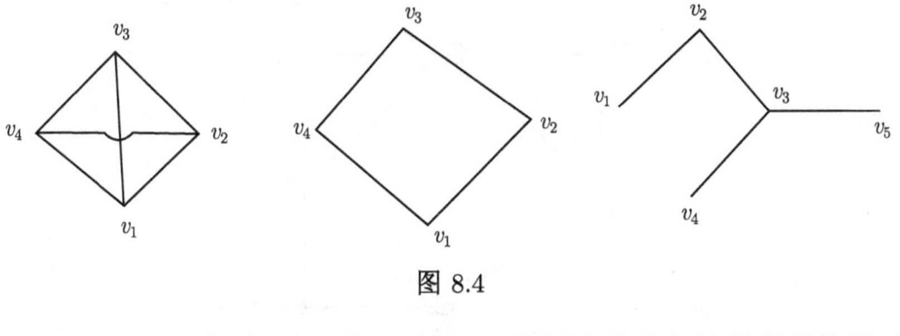

图 8.4

设 e 是图 G 的一条边, 去掉边 e, 保留 G 的顶点及其他边所得到的图, 称为是删边子图, 记为 $G\setminus\{e\}$.

若 $e=\{v_i,v_j\}$ 是一条边, 我们也记成 $e=v_iv_j$, 称顶点 v_i 和 v_j 是边 e 的端点, 此时, 称 v_i 和 v_j 与 e 是**关联** 的, e 与 v_i 和 v_j 也是关联的; 称 v_i 与 v_j 是**相邻**的,

与同一顶点关联的两条边也称为是相邻的.

图 G 的**路**是一个点边交替的序列

$$v_0e_1v_1\cdots v_{n-1}e_nv_n,$$

其中 e_i 的端点是 v_{i-1} 和 v_i, $i=1,\cdots,n$, 且任意两个顶点互不相同, 也称之为从顶点 v_0 到 v_n 的一个路, 其长度为 n, v_0 到 v_n 的路的最小长度称为是 v_0 到 v_n 的**距离**, 记为 $d(v_0,v_n)$. 此时, 如果 $v_1,\cdots,v_n$ 互不相同且 $v_0=v_n$, 则称之为**圈**, 记为 C_n.

设 G 是一个图, 如果 G 的任意两个顶点之间都有一条路相连, 则称 G 是**连通的**.

没有圈的图称为是**森林**, 连通的森林称为是**树**.

图 G 称为是一个**二部图**, 如果 $V(G)=V_1\cup V_2$, $V_1\cap V_2=\varnothing$, 使得 G 的每条边的一个端点在 V_1 中, 另一个端点在 V_2 中.

图 G 的顶点 v 的**度**, 记为 $\deg(v)$, 是指 G 中与 v 关联的的所有边的个数.

命题 8.3　每个树都是一个二部图.

证明　设 G 是一个树, 任取 $v_0\in V(G)$, 令 $V_1=\{v\in V(G)\mid\ d(v,v_0)\text{ 是偶数}\}$, $V_2=V(G)\setminus V_1$. 则 V_1 中的任意两个顶点都不相邻, 否则会形成圈, 类似地, V_2 中的任意两个顶点也不相邻. 所以, G 的边都是一个顶点在 V_1 而另一顶点在 V_2 中, 因而, G 是一个二部图. □

定义 8.7　设 G 是图, 某些顶点组成的集合 $A\subseteq V(G)$ 称为是 G 的一个**顶点覆盖**, 如果 G 的每条边都与 A 中的一个顶点关联; 此时, 如果 A 的真子集都不是 G 的顶点覆盖, 则称 A 是 G 的一个极小顶点覆盖. G 的极小顶点覆盖的顶点数的最小者称为是 G 的**顶点覆盖数**, 记为 $\alpha(G)$. 如果 G 的任意两个极小顶点覆盖都含有相同个数的顶点, 则称 G 是**非混合的**.

例如, $\{v_2,v_3,v_5,v_7\}$ 是下列图 (图 8.5) 的一个极小顶点覆盖:

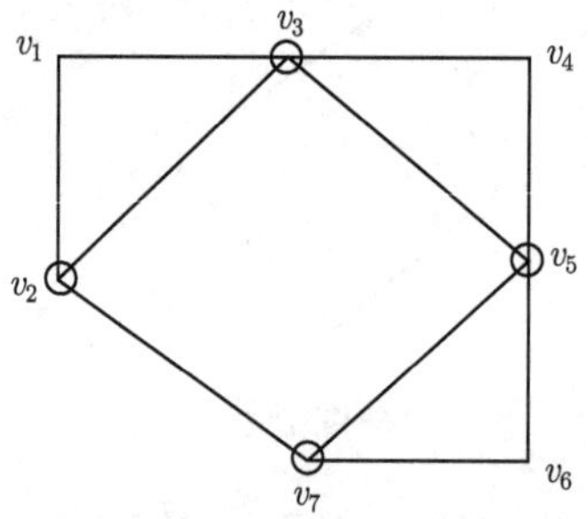

图 8.5

某些边组成的集合 $B\subseteq E(G)$ 称为是 G 的一个**匹配**, 如果 B 中任意两条边都不相邻. G 的匹配中的边的个数的最大者称为是 G 的**匹配数**, 记为 $\beta(G)$.

设 $e_1, \cdots, e_r$ 是 G 的边, 当 $\{e_1, \cdots, e_r\}$ 是 G 的一个匹配时, 我们也称边 $e_1, \cdots, e_r$ 是独立的. 则 $\beta(G)$ 就是 G 的独立边的最大个数.

下列结论是图论中的经典定理, 我们将不给出其证明:

Koenig 定理 若 G 是二部图, 则 $\alpha(G) = \beta(G)$.

下面, 我们把图与单项式理想联系起来.

定义 8.8 设 G 是顶点集 $\{v_1, \cdots, v_n\}$ 上的一个图, K 是一个域. 对每个顶点 v_i, 我们对应一个不定元 X_i, 则有多元多项式环 $R = K[X_1, \cdots, X_n]$. 图 G 的**边理想** $I(G)$ 是 R 的由所有 X_iX_j, $v_iv_j \in E(G)$, 生成的单项式理想.

对任意 $F = \{v_{i_1}, \cdots, v_{i_r}\} \subseteq V(G)$, 令 $P_F = (X_{i_1}, \cdots, X_{i_r})$.

定理 8.8 F 是 G 的一个 (极小) 顶点覆盖当且仅当 P_F 是包含 $I(G)$ 的一个 (极小) 素理想.

证明 这是因为, $I(G) \subseteq P_F$ 当且仅当对每个边 v_kv_l 都有 $X_kX_l \in P_F$, 这又等价于, 对每个边 v_kv_l 都有 $X_k \in P_F$ 或 $X_l \in P_F$, 即 $k \in F$ 或 $l \in F$. 所以, $I(G) \subseteq P_F$ 当且仅当 F 是 G 的一个顶点覆盖. 另一方面, 两边的极小性互相对应. 定理得证. □

推论 8.7 $\alpha(G) = \mathrm{ht}(I(G))$.

证明 由于 $I(G)$ 是无平方的, 所以, 由推论 8.2 知, 包含 $I(G)$ 的极小素理想都是单项式理想. 则有

$$\begin{aligned}\mathrm{ht}(I(G)) &= \min\{\mathrm{ht}(P) \mid P \supseteq I(G) \text{ 是极小单项式素理想}\} \\ &= \min\{|F| \mid F \text{ 是 } G \text{ 的极小顶点覆盖}\} \\ &= \alpha(G).\end{aligned}$$ □

推论 8.8 图 G 是非混合的当且仅当理想 $I(G)$ 是非混合的.

证明 首先注意到, 由于 $I(G)$ 是无平方的, 所以, $I(G)$ 没有嵌入素理想. 因而, $\mathrm{Ass}_R(R/I(G))$ 恰是包含 $I(G)$ 的所有极小素理想.

根据定义, 图 G 是非混合的当且仅当 G 的每个极小顶点覆盖都含有相同个数的顶点. 所以, 由定理 8.8, 这等价于包含 $I(G)$ 的极小素理想都具有相同的高度, 即 $I(G)$ 是非混合的. □

于是, 为判别图 G 是否非混合, 我们只需将 $I(G)$ 表示成一些单项式素理想的既约交 $I(G) = P_1 \cap \cdots \cap P_s$(参见推论 8.2), 再看 $P_1, \cdots, P_s$ 是否都含有相同个数的不定元.

定义 8.9 设 G 是一个图, 如果环 $R/I(G)$ 是 Cohen-Macaulay 的, 则称图 G 是Cohen-Macaulay的.

命题 8.4 Cohen-Macaulay 图都是非混合的.

证明 设 G 是一个 Cohen-Macaulay 图, 则 $R/I(G)$ 是一个 Cohen-Macaulay 环. 于是, 由推论 6.4 知, $I(G)$ 是非混合的, 即 G 是一个非混合的图. □

当图是树时, 上述命题的逆也是成立的.

定理 8.9 设 G 是一个非混合的图, 如果 G 是树, 则 G 是 Cohen-Macaulay 的.

证明 根据命题 8.3, G 是一个二部图. 于是 $V(G) = V_1 \cup V_2$, $V_1 \cap V_2 = \varnothing$, G 的每条边都是一个端点在 V_1 中而另一端点在 V_2 中. 令 $r = \alpha(G)$. 注意到, 此时 V_1 和 V_2 都是 G 的极小顶点覆盖. 而由假设, G 是非混合的, 所以, $|V_1| = |V_2| = r$.

另一方面, 根据 Koenig 定理, G 有 r 条独立的边. 令 $V_1 = \{u_1, \cdots, u_r\}$, $V_2 = \{v_1, \cdots, v_r\}$. 不妨假设 u_iv_i, $i = 1, \cdots, r$, 是独立的边. 我们断言: 对任意 $i = 1, \cdots, r$, 必有 $\deg(u_i) = 1$ 或 $\deg(v_i) = 1$. 用反证法, 假设存在某个 i 使得 $\deg(u_i) \geqslant 2$ 且 $\deg(v_i) \geqslant 2$, 我们来证明: G 有一个顶点数至少为 $r+1$ 极小顶点覆盖, 从而得出矛盾.

由于 G 是一个树, 所以, 去掉边 u_iv_i 后得到的删边子图 $G \setminus \{u_iv_i\}$ 分成两个没有公共顶点的分支, 这两个分支分别含有顶点 u_i 和 v_i. 在这两个分支中分别取一个包含 u_i 和 v_i 的极小顶点覆盖 A 和 B, 则 $A \cup B$ 是 G 的一个顶点覆盖. 注意到, $A \cup B$ 一定是极小的, 这是因为, 由 A 和 B 的极小性知, 除 u_i 和 v_i 之外的顶点都不能去掉; 又 u_i 和 v_i 也不能去掉, 否则, 由 $\deg(u_i) \geqslant 2$ 和 $\deg(v_i) \geqslant 2$ 得, A 或者 B 不构成顶点覆盖. 另一方面, 对任意 $j \neq i$, 边 u_jv_j 只能在一个分支中, 所以, $(A \cup B) \cap \{u_j, v_j\} \neq \varnothing$. 从而 $|A \cup B| \geqslant r+1$. 这与 G 是非混合图相矛盾.

适当调整 V_1 和 V_2 中的元素, 我们可以不妨假设 $\deg(u_i) = 1$, $u_iv_i \in E(G)$, $i = 1, \cdots, r$. 于是 G 的其他边必具有形式 v_kv_l, $1 \leqslant k, l \leqslant r$. 令 $R = K[X_1, \cdots, X_r, Y_1, \cdots, Y_r]$ 为域 K 上的多元多项式环, 把 u_i 对应 X_i, v_i 对应 Y_i, 则 G 的边理想 $I(G)$ 是 R 的由 X_iY_i, $i = 1, \cdots, r$ 及某些 Y_kY_l, $1 \leqslant k, l \leqslant r$, 生成的理想.

根据定理 8.3, $R/I(G)$ 是一个 Cohen-Macaulay 环. 因而 G 是 Cohen-Macaulay 图. □

于是, 若 G 是一个树, 则 G 是非混合的当且仅当 G 是 Cohen-Macaulay 的.

习　题

1. 设 I 和 J 是单项式理想, 证明:

(1) $G(I+J) \subseteq G(I) \cup G(J)$;

(2) $G(IJ) \subseteq G(I)G(J)$.

2. 设 I 和 J 是单项式理想, 证明: 集合 $\{\mathrm{lcm}(u,v) \mid u \in G(I), v \in G(J)\}$ 生成了 $I \cap J$, 其中 $\mathrm{lcm}(u,v)$ 表示 u 和 v 的最小公倍式.

3. 设 I 和 J 是单项式理想,证明:$I : J$ 也是单项式理想且 $I : J = \cap_{v \in G(J)}(I : v)$.

进一步证明: 集合 $\left\{\dfrac{u}{\gcd(u,v)} \mid u \in G(I)\right\}$ 生成了 $I : v$, 其中 $\gcd(u,v)$ 表示 u 和 v 的最大公因式.

4. 证明: 单项式序列是正则的当且仅当序列中的元素两两没有公共的不定元.

5. 设 I 是单项式理想, 证明: $\sqrt{I}$ 也是单项式理想. 对单项式 $u = X_1^{a_1} \cdots X_n^{a_n}$, 令 $\sqrt{u} = \prod_{a_i \neq 0} X_i$, 证明: 集合 $\{\sqrt{u} \mid u \in G(I)\}$ 生成了 $\sqrt{I}$.

6. 设 I 是单项式理想, 证明: $I = \sqrt{I}$ 当且仅当 I 是无平方的.

7. 设 Δ 是 $[n]$ 上的一个单纯复形, 令

$$\Delta^{\vee} = \{[n] \setminus F \mid F \notin \Delta\} \cup \{\{i\} \mid i = 1, \cdots, n\}.$$

证明: $\Delta^{\vee}$ 也是 $[n]$ 上的一个单纯复形且 $(\Delta^{\vee})^{\vee} = \Delta$. 称 $\Delta^{\vee}$ 为 Δ 的Alexander **对偶**.

8. 证明: 圈 C_3, C_4, C_5, C_7 是非混合的, 但 C_6 不是.

习 题 解 答

预 备 知 识

1. 首先注意到, 对任意 $a \in R$, a 是 R 的可逆元的充要条件是 $(a) = R$. 如果 $a \in \mathfrak{m}$, 则 $(a) \subseteq \mathfrak{m}$, 从而 $(a) \neq R$, 所以 a 不是可逆元. 反过来, 若 a 不是可逆元, 则 (a) 是 R 的真理想, 而 $\mathfrak{m}$ 是 R 的唯一的极大理想, 所以必有 $(a) \subseteq \mathfrak{m}$, 故 $a \in \mathfrak{m}$. 这就证明了 $\mathfrak{m}$ 恰由 R 的所有非可逆元组成.

2. 令 $\mathfrak{m}$ 为 R 的所有非可逆元组成的集合. 根据假设, $\mathfrak{m}$ 是 R 的一个理想, 当然是一个真理想. 设 I 是 R 的任意一个真理想, 对任意 $a \in I$, 由 $(a) \subseteq I$ 知 $(a) \neq R$, 所以 a 不是 R 的可逆元, 故 $a \in \mathfrak{m}$, 于是 $I \subseteq \mathfrak{m}$. 因而 $\mathfrak{m}$ 是 R 的唯一的极大理想, 所以 R 是一个局部环.

3. (1) 设 $a \in \sqrt{\sqrt{I}}$, 则有 $n > 0$ 使得 $a^n \in \sqrt{I}$. 再由 $a^n \in \sqrt{I}$ 知, 存在 $m > 0$ 使得 $(a^n)^m \in I$, 即 $a^{nm} \in I$, 所以 $a \in \sqrt{I}$. 因而 $\sqrt{\sqrt{I}} = \sqrt{I}$.

(2) 由于 $IJ \subseteq I \cap J \subseteq I$, $I \cap J \subseteq J$, 所以

$$\sqrt{IJ} \subseteq \sqrt{I \cap J} \subseteq \sqrt{I} \cap \sqrt{J}.$$

再证明 $\sqrt{I} \cap \sqrt{J} \subseteq \sqrt{IJ}$. 设 $a \in \sqrt{I} \cap \sqrt{J}$, 则有 $n, m > 0$ 使得 $a^n \in I$, $a^m \in J$, 于是 $a^{n+m} = a^n a^m \in IJ$, 所以 $a \in \sqrt{IJ}$, 因而 $\sqrt{I} \cap \sqrt{J} \subseteq \sqrt{IJ}$, 从而 $\sqrt{IJ} = \sqrt{I \cap J} = \sqrt{I} \cap \sqrt{J}$.

(3) 只需证明 $\sqrt{\sqrt{I} + \sqrt{J}} \subseteq \sqrt{I + J}$. 设 $a \in \sqrt{\sqrt{I} + \sqrt{J}}$, 则有 $n > 0$ 使得 $a^n \in \sqrt{I} + \sqrt{J}$, 于是存在 $b \in \sqrt{I}$, $c \in \sqrt{J}$ 使得 $a^n = b + c$. 由 $b \in \sqrt{I}$ 知, 存在 $s > 0$ 使得 $b^s \in I$; 由 $c \in \sqrt{J}$ 知, 存在 $t > 0$ 使得 $c^t \in J$, 则

$$a^{n(s+t-1)} = (b + c)^{s+t-1} \in I + J.$$

所以 $a \in \sqrt{I + J}$, 故 $\sqrt{\sqrt{I} + \sqrt{J}} \subseteq \sqrt{I + J}$.

4. 设 $a \in \sqrt{I}$, 则有 $n > 0$ 使得 $a^n \in I$. 于是, 对任意包含 I 的素理想 $\mathfrak{p}$ 有 $a^n \in \mathfrak{p}$, 从而由 $\mathfrak{p}$ 是素理想即得 $a \in \mathfrak{p}$, 故 $\sqrt{I} \subseteq \mathfrak{p}$.

另一方面, 假设 $a \notin \sqrt{I}$, 我们来找出一个包含 I 的素理想 $\mathfrak{p}$ 使 $a \notin \mathfrak{p}$, 从而结论得证. 令

$$\mathcal{S} = \{J \mid J \supseteq I \text{ 为 } R \text{ 的理想且对任意 } n > 0 \text{ 都有 } a^n \notin J\}.$$

显然 $I \in \mathcal{S}$, 故 $\mathcal{S}$ 非空. 容易验证, $\mathcal{S}$ 关于集合的包含关系所构成的偏序集满足 Zorn 引理的条件. 所以, 根据 Zorn 引理, $\mathcal{S}$ 含有极大元. 设 $\mathfrak{p}$ 是 $\mathcal{S}$ 的一个极大元, 下面证明 $\mathfrak{p}$ 是 R 的一个素理想. 用反证法, 如若不然, 则有 $\alpha, \beta \notin \mathfrak{p}$ 使 $\alpha\beta \in \mathfrak{p}$. 于是

$$\mathfrak{p} \subsetneq \mathfrak{p} + (\alpha), \quad \mathfrak{p} \subsetneq \mathfrak{p} + (\beta).$$

由 $\mathfrak{p}$ 的极大性知 $\mathfrak{p} + (\alpha), \mathfrak{p} + (\beta) \notin \mathcal{S}$, 故有 $m, n > 0$ 使得 $a^n \in \mathfrak{p} + (\alpha), a^m \in \mathfrak{p} + (\beta)$, 由此即得 $a^{n+m} \in \mathfrak{p} + (\alpha\beta) = \mathfrak{p}$, 这与 $\mathfrak{p} \in \mathcal{S}$ 相矛盾. 所以 $\mathfrak{p}$ 是 R 的一个素理想且符合我们的要求.

5. 显然包含 $\mathfrak{p}$ 的素理想一定包含 $\mathfrak{p}^n$. 另一方面, 假设 $\mathfrak{q}$ 是素理想使得 $\mathfrak{p}^n \subseteq \mathfrak{q}$, 则由 $\mathfrak{q}$ 是素理想知 $\mathfrak{p} \subseteq \mathfrak{q}$. 所以, 包含 $\mathfrak{p}$ 的素理想与包含 $\mathfrak{p}^n$ 的素理想是一致的, 于是, 由习题 4 即得 $\sqrt{\mathfrak{p}^n} = \sqrt{\mathfrak{p}} = \mathfrak{p}$.

6. 由于 $\sqrt{I}$ 是所有包含 I 的素理想的交, 所以, 若 $I = \sqrt{I}$, 则 I 是一些素理想的交. 反过来, 假设 I 是一些素理想的交 $I = \bigcap\limits_{i \in S} \mathfrak{p}_i$. 对任意 $a \in \sqrt{I}$, 我们有 $n > 0$ 使得 $a^n \in I$, 从而, 对任意 $i \in S$ 都有 $a^n \in \mathfrak{p}_i$. 但 $\mathfrak{p}_i$ 是素理想, 所以 $a \in \mathfrak{p}_i$, 于是 $a \in \bigcap\limits_{i \in S} \mathfrak{p}_i$, 即 $a \in I$. 所以 $I = \sqrt{I}$.

7. 设 F 是一个代数闭域, 如果 F 是有限的, 令 $F = \{a_1, a_2, \cdots, a_n\}$, 则多项式

$$f(X) = (X - a_1)(X - a_2)\cdots(X - a_n) + 1 \in F[X]$$

在 F 中没有根, 因为, 若 a_i 是 $f(X)$ 的根, 则 $(X - a_i) \mid f(X)$. 但由上式即得 $(X - a_i) \mid 1$, 矛盾. 因而, 存在 F 上的次数大于 0 的多项式在 F 中没有根, 这与 F 是代数闭域相矛盾. 所以, F 是无限域.

8. 首先注意到, I 与 J 互素的充要条件是存在 $a \in I, b \in J$ 使得 $a + b = 1$.

现在对 n 用归纳法来证明, 若 $I_1, \cdots, I_n$ 两两互素, 则 $I_1 \cdots I_n = I_1 \cap \cdots \cap I_n$. 当 $n = 2$ 时, 由于

$$(I_1 + I_2)(I_1 \cap I_2) \subseteq I_1 I_2 \subseteq I_1 \cap I_2,$$

所以, 由 $I_1 + I_2 = R$ 即得 $I_1 \cap I_2 = I_1 I_2$. 再假设 $n > 2$ 且结论对 $n - 1$ 成立. 令 $I = I_1 \cdots I_{n-1}$, 则由归纳假设, $I = I_1 \cap \cdots \cap I_{n-1}$. 下面证明 I 与 I_n 是互素的. 由 $I_i, i = 1, \cdots, n-1$, 与 I_n 互素知, 存在 $a_i \in I_i, b_i \in I_n$, $i = 1, \cdots, n-1$, 使得 $a_i + b_i = 1$, $i = 1, \cdots, n-1$. 于是 $a_1 \cdots a_{n-1} \in I$ 使得

$$1 - a_1 \cdots a_{n-1} = 1 - (1 - b_1)\cdots(1 - b_{n-1}) \in I_n.$$

所以 I 与 I_n 互素, 则由 $n = 2$ 的结论得 $II_n = I \cap I_n$, 即 $I_1 \cdots I_n = I_1 \cap \cdots \cap I_n$.

假设 $I_1, \cdots, I_n$ 是两两互素的理想, 再证明:

$$R/I_1 \cdots I_n \cong R/I_1 \times \cdots \times R/I_n.$$

容易看出, 下列映射是一个环单同态:

$$\begin{aligned}\phi:\ & R/I_1\cap\cdots\cap I_n\to R/I_1\times\cdots\times R/I_n,\\ & a+I_1\cap\cdots\cap I_n\mapsto(a+I_1,\cdots,a+I_n).\end{aligned}$$

为证明 ϕ 是满同态, 只需证明形如 $(b+I_1,0+I_2,\cdots,0+I_n)$, $\cdots$, $(0+I_1,\cdots,0+I_{n-1},b+I_n)$, $b\in R$, 的元素都在 ϕ 的象中. 下面来证明, 例如, 对任意 $b\in R$, $(b+I_1,0+I_2,\cdots,0+I_n)$ 在 ϕ 的象中.

由于 I_1 与 $I_2,\cdots,I_n$ 都是互素的, 所以, 存在 $a_i\in I_1,b_i\in I_i,i=2,\cdots,n$, 使得 $a_i+b_i=1$, $i=2,\cdots,n$. 令 $a=bb_2\cdots b_n$, 则

$$a-b=b(1-a_2)\cdots(1-a_n)-b\in I_1,\quad a\in I_i,i=2,\cdots,n.$$

由此即得 $\phi(a+I_1\cap\cdots\cap I_n)=(b+I_1,0+I_2,\cdots,0+I_n)$.

9. 首先注意到, 如果 $K\oplus N$ 是有限生成的, 则 K 和 N 都是有限生成的. 令

$$\begin{aligned}f:\ & K\oplus N\to K+N,\\ & (a,b)\mapsto a+b,\end{aligned}$$

则 f 是一个满同态. 又容易看出 $\mathrm{Ker}(f)=\{(a,-a)\mid a\in K\cap N\}$, 因而 $\mathrm{Ker}(f)\cong K\cap N$. 于是, 我们只要证明下列结论: 设 N 是 M 的子模, 如果 N 和 M/N 都是有限生成的, 则 M 也是有限生成的.

假设 M/N 由 $m_1+N,\cdots,m_s+N$ 生成, N 由 $n_1,\cdots,n_t$ 生成, 则对任意 $m\in M$, 有 $r_1,\cdots,r_s\in R$ 使得

$$m+N=r_1(m_1+N)+\cdots+r_s(m_s+N),$$

即 $m-(r_1m_1+\cdots+r_sm_s)\in N$. 于是, 存在 $u_1,\cdots,u_t\in R$ 使得

$$m-(r_1m_1+\cdots+r_sm_s)=u_1n_1+\cdots+u_tn_t,$$

即 $m=r_1m_1+\cdots+r_sm_s+u_1n_1+\cdots+u_tn_t$, 所以 M 可以由 $m_1,\cdots,m_s,n_1,\cdots,n_t$ 生成, 从而 M 是有限生成的.

第 1 章

1. (1) 令 $Y_1=X_1-a_1,\cdots,Y_n=X_n-a_n$, 把 $f(X_1,\cdots,X_n)=f(Y_1+a_1,\cdots,Y_n+a_n)$ 表示成 $Y_1,\cdots,Y_n$ 的多项式的形式, 令 $f(X_1,\cdots,X_n)=g(Y_1,\cdots,Y_n)$,

$$g=\sum_{i_1,\cdots,i_n\geqslant 0}\alpha_{i_1\cdots i_n}Y_1^{i_1}\cdots Y_n^{i_n},\quad \alpha_{i_1\cdots i_n}\in F,$$

则

$$f = \sum_{i_1,\cdots,i_n\geqslant 0} \alpha_{i_1\cdots i_n}(X_1-a_1)^{i_1}\cdots(X_n-a_n)^{i_n}.$$

(2) 注意到, $f(a_1,\cdots,a_n)=0$ 的充要条件是, 上面的表达式中的常数项为 0, 则有 $g_i \in F[X_1,\cdots,X_n], i=1,\cdots,n$, 使得 $f=\sum_{i=1}^{n}(X_i-a_i)g_i$.

(3) 令

$$\begin{aligned}\phi: F[X_1,\cdots,X_n] &\to F,\\ f(X_1,\cdots,X_n) &\mapsto f(a_1,\cdots,a_n),\end{aligned}$$

则 ϕ 是一个环同态且是满的. 而由上面的结论得 $\mathrm{Ker}(\phi)=(X_1-a_1,\cdots,X_n-a_n)$ 又 F 是域, 所以 $(X_1-a_1,\cdots,X_n-a_n)$ 是 $F[X_1,\cdots,X_n]$ 的一个极大理想.

2. F^1 的代数集恰是 $V(I)$, 其中 I 是 $F[X]$ 的一个理想. 由于 $F[X]$ 是主理想整环, 所以, 存在 $f(X)\in F[X]$ 使得 $I=(f(X))$, 于是 $V(I)=V(f(X))$ 就是 $f(X)$ 的所有根组成的集合. 若 $f(X)=0$, 则 $V(f(X))=F$; 若 $f(X)\neq 0$, 则 $V(f(X))$ 是有限集 (包括空集). 另一方面, 若 $\{a_1,\cdots,a_n\}$ 是 F 的任意一个有限子集, 则

$$\{a_1,\cdots,a_n\}=V((X-a_1)\cdots(X-a_n)),$$

所以, F^1 的代数集恰是 F 的有限子集及 F 本身.

3. 注意到, 由于 $V(X_1-a_1,\cdots,X_n-a_n)=\{(a_1,\cdots,a_n)\}$, 即 F^n 中的每个点都是一个代数集, 从而 F^n 中的每个有限子集都是代数集. 如果 F 是有限域, 则 F^n 中的每个子集都是有限的, 所以 F^n 中的每个子集都是代数的.

4. 由于 $\{(a,a^2,a^3)\in F^3 \mid a\in F\}=V(X_2-X_1^2, X_3-X_1^3)$, 所以 $\{(a,a^2,a^3)\in F^3 \mid a\in F\}$ 是 F^3 的一个代数集.

但 $\{(a,b)\in\mathbb{R}^2 \mid b=\sin a\}$ 不是代数集, 因为, 若 $\{(a,b)\in\mathbb{R}^2 \mid b=\sin a\}$ 是代数集, 则有非零多项式 $f(X_1,X_2)\in\mathbb{R}^2$ 使得 $\{(a,b)\in\mathbb{R}^2 \mid b=\sin a\}\subseteq V(f(X_1,X_2))$. 注意到, 对 $[-1,1]$ 中的任意一个 b 有无穷多个 a 使得 $b=\sin a$. 因而, 代入 $f(X_1,X_2)$ 得到, 对 $[-1,1]$ 中的任意一个 b 必有 $f(X_1,b)=0$. 令

$$f(X_1,X_2)=f_0(X_2)+f_1(X_2)X_1+\cdots+f_d(X_2)X_1^d,\quad f_i(X_2)\in\mathbb{R}[X_2],$$

则 $[-1,1]$ 中的任意 b 都是 $f_i(X_2)$ 的根, 而 $[-1,1]$ 中有无穷多个元素, 所以必有 $f_i(X_2)=0$, 于是 $f(X_1,X_2)=0$, 矛盾. 所以 $\{(a,b)\in\mathbb{R}^2 \mid b=\sin a\}$ 不是代数集.

5. $\Leftarrow$ 由于 V,W 是 F^n 中的代数集, 所以 $V=V(I(V)), W=V(I(W))$. 因而由 $I(V)=I(W)$ 即得 $V=W$.

6. 容易验证, 下列性质成立:

(1) $V(R)=\varnothing$, $V((0))=\mathrm{Spec}(R)$;

(2) 若 $I_1,\cdots,I_n$ 是 R 的理想, 则

$$V(I_1)\cup\cdots\cup V(I_n)=V(I_1\cdots I_n);$$

(3) 若 $I_i, i\in S$, 是 R 的一族理想, 则

$$\bigcap_{i\in S}V(I_i)=V\left(\sum_{i\in S}I_i\right),$$

所以, 以形如 $V(I)$ 的子集为闭集, 可以在 $\mathrm{Spec}(R)$ 上定义一个拓扑.

7. 设 $U_i, i\in S$, 是 $\mathrm{Spec}(R)$ 的一个开覆盖, 即

$$\mathrm{Spec}(R)=\bigcup_{i\in S}U_i.$$

令 $\mathrm{Spec}(R)\setminus U_i=V(I_i)$, I_i 是 R 的理想, $i\in S$, 则有

$$\bigcap_{i\in S}V(I_i)=\varnothing,$$

从而

$$\sum_{i\in S}I_i=R,$$

则 $1\in\sum_{i\in S}I_i$, 于是, 有有限多个 $i_1,\cdots,i_n\in S$ 使得 $1\in I_{i_1}+\cdots+I_{i_n}$, 故 $I_{i_1}+\cdots+I_{i_n}=R$. 由此即得

$$\mathrm{Spec}(R)=U_{i_1}\cup\cdots\cup U_{i_n}.$$

因而, $\mathrm{Spec}(R)$ 的任意开覆盖都有有限子覆盖.

第 2 章

1. 由于 R 是 Noether 环, 所以 $\sqrt{I}$ 是有限生成的. 设 $\sqrt{I}=(a_1,\cdots,a_s)$. 由 $a_i\in\sqrt{I}$ 知, 存在 $n_i>0$ 使得 $a_i^{n_i}\in I$. 令 $n=n_1+\cdots+n_s$, 则对任意 $u_1,\cdots,u_s\in R$ 都有 $(u_1a_1+\cdots+u_sa_s)^n\in I$. 所以 $(\sqrt{I})^n\subseteq I$.

2. 假设由 M 的一些子模组成的集合关于包含关系都含有极小元. 设

$$M_1\supseteq M_2\supseteq\cdots$$

是 M 的任意一个子模降链. 考虑集合 $\{M_n\mid n=1,2,\cdots\}$. 根据假设, 这个集合关于包含关系含有极小元, 设 M_r 是一个极小元, 则 $M_r=M_{r+1}=\cdots$. 因而, M 是 Artin 模.

反过来, 假设 M 是 Artin 模. 设 $\mathcal{M}=\{M_\alpha \mid \alpha\in S\}$ 是由 M 的一些子模组成的一个集合. 如果 $\mathcal{M}$ 关于包含关系没有极小元, 任取 $M_{\alpha_1}\in\mathcal{M}$, 则必有 $M_{\alpha_2}\in\mathcal{M}$ 使得 $M_{\alpha_1}\supsetneqq M_{\alpha_2}$, 也有 $M_{\alpha_3}\in\mathcal{M}$ 使得 $M_{\alpha_2}\supsetneqq M_{\alpha_3}$, 如此继续下去即得一个不稳定的降链

$$M_{\alpha_1}\supsetneqq M_{\alpha_2}\supsetneqq M_{\alpha_3}\cdots,$$

这与 M 是 Artin 模相矛盾. 所以 $\mathcal{M}$ 关于包含关系一定含有极小元.

3. 假设 M 是 Artin 模. 由于 N 的子模也是 M 的子模, 所以由定义即得 N 也是 Artin 模. 又由于 M/N 的子模可以唯一地表示成 K/N, 其中 K 是 M 的一个包含 N 的子模, 所以,M/N 的任意子模降链可以表示成下列形式:

$$M_1/N\supseteq M_2/N\supseteq\cdots,$$

其中 $M_1\supseteq M_2\supseteq\cdots$ 是 M 的子模降链, 故由假设, 这个降链是稳定的, 从而, M/N 的上述子模降链也是稳定的. 这就证明了 M/N 是 Artin 模.

反过来, 假设 N 和 M/N 都是 Artin 的. 设

$$M_1\supseteq M_2\supseteq\cdots$$

是 M 的任意一个子模降链, 则

$$M_1\cap N\supseteq M_2\cap N\supseteq\cdots$$

是 N 的一个子模降链, 于是, 由 N 的 Artin 性知, 存在 $r_1\geqslant 1$ 使得 $M_{r_1}\cap N=M_{r_1+1}\cap N=\cdots$. 再令 $\overline{M}_i=(M_i+N)/N,i=1,2,\cdots$, 则

$$\overline{M}_1\supseteq\overline{M}_2\supseteq\cdots$$

构成 M/N 的一个子模降链, 于是, 根据假设, 存在 $r_2\geqslant 1$ 使得 $\overline{M}_{r_2}=\overline{M}_{r_2+1}=\cdots$. 令 r 是 r_1 和 r_2 中的最大者, 则对任意 $n\geqslant r$, 都有

$$M_n\cap N=M_{n+1}\cap N,\quad (M_n+N)/N=(M_{n+1}+N)/N.$$

由上面的两个等式即得 $M_n=M_{n+1}$. 所以 M 是 Artin 的.

4. 对任意 $r,r'\in R$, 有

$$\begin{aligned}\nu(r+r')&=\frac{r+r'}{1}=\frac{r}{1}+\frac{r'}{1}=\nu(r)+\nu(r'),\\ \nu(rr')&=\frac{rr'}{1}=\frac{r}{1}\cdot\frac{r'}{1}=\nu(r)\nu(r'),\end{aligned}$$

所以, ν 是一个环同态.

设 $s\in S$, 则由于 $\frac{1}{s}\in S^{-1}R$ 使得 $\nu(s)\frac{1}{s}=\frac{s}{s}=\frac{1}{1}$, 所以 $\nu(s)$ 是 $S^{-1}R$ 中的可逆元.

对 $S^{-1}R$ 中的任意元素 $\frac{r}{s}$, 有

$$\frac{r}{s}=\frac{r}{1}\cdot\frac{1}{s}=\frac{r}{1}\cdot\left(\frac{s}{1}\right)^{-1}=\nu(r)(\nu(s))^{-1},$$

所以 $S^{-1}R$ 中的元素都可以表示成 $\nu(r)\nu(s)^{-1}$ 的形式.

5. 设 $\frac{r}{s}\in S^{-1}(I:J)$, 对任意 $\frac{r'}{s'}\in S^{-1}J$ 有 $\frac{r}{s}\cdot\frac{r'}{s'}=\frac{rr'}{ss'}$, 而 $rr'\in I$, 所以 $\frac{r}{s}\cdot\frac{r'}{s'}\in S^{-1}I$, 因而 $S^{-1}(I:J)\subseteq S^{-1}I:S^{-1}J$.

另一方面, 由于 R 是 Noether 环, 所以 J 是有限生成的, 令 $J=(a_1,\cdots,a_n)$. 对任意 $\frac{r}{s}\in S^{-1}I:S^{-1}J$, 由 $\frac{r}{s}\cdot\frac{a_i}{1}\in S^{-1}I$ 知, 存在 $b_i\in I$, $s_i\in S$ 使得 $\frac{r}{s}\cdot\frac{a_i}{1}=\frac{b_i}{s_i}$. 因而, 有 $t_i\in S$ 使得 $t_is_ira_i=t_isb_i\in I$. 令 $t=t_1s_1\cdots t_ns_n\in S$, 则 $tra_i\in I$, $i=1,\cdots,n$, 于是 $tr\in I:J$, 则

$$\frac{r}{s}=\frac{tr}{ts}\in S^{-1}(I:J).$$

所以 $S^{-1}(I:J)\supseteq S^{-1}I:S^{-1}J$. 因而 $S^{-1}(I:J)=S^{-1}I:S^{-1}J$.

6. 假设存在 $s\in S$ 使得 $sM=0$, 则对任意 $\frac{m}{s'}\in S^{-1}M$, 有 $\frac{m}{s'}=\frac{sm}{ss'}=\frac{0}{ss'}=0$, 所以 $S^{-1}M=0$.

反过来, 假设 $S^{-1}M=0$. 由于 M 是有限生成的, 令 $M=(m_1,\cdots,m_n)$. 由于 $S^{-1}M=0$, 所以 $\frac{m_i}{1}=0$, 故存在 $s_i\in S$ 使得 $s_im_i=0$. 令 $s=s_1\cdots s_n\in S$, 则 $sm_i=0, i=1,\cdots,n$. 从而 $sM=0$.

7. 由于 $\mathbb{Z}\setminus(p)=\{n\in\mathbb{Z}\mid p\nmid n\}$, 所以

$$\mathbb{Z}_{(p)}=\left\{\frac{m}{n}\mid m,n\in\mathbb{Z},p\nmid n\right\}.$$

$\mathbb{Z}_{(p)}$ 的唯一的极大理想是

$$(p)\mathbb{Z}_{(p)}=\left\{\frac{m}{n}\mid m,n\in\mathbb{Z},p\mid m,p\nmid n\right\}.$$

8. 设 N 是 $\mathbb{Z}$ 作为 $\mathbb{Z}$ 模的一个子模, 则 N 是环 $\mathbb{Z}$ 的一个理想. 由于 $\mathbb{Z}$ 是主理想整环, 所以, 存在 $a\in\mathbb{Z}$, 使得 $N=(a)$. 而 $(a)=\mathbb{Z}a$ 就是 $\mathbb{Z}$ 作为 $\mathbb{Z}$ 模的由 a 生成的子模, 所以, 子模 N 是有限生成的. 因而 $\mathbb{Z}$ 是 Noether $\mathbb{Z}$ 模.

但是, $\mathbb{Z}$ 不是 Artin $\mathbb{Z}$ 模, 因为, 在 $\mathbb{Z}$ 中存在无限的子模严格降链. 例如, 任取一个素数 p, 则

$$(p)\supsetneq(p^2)\supsetneq(p^3)\supsetneq\cdots$$

就是 $\mathbb{Z}$ 中的一个无限的子模严格降链.

9. 令 $\mathcal{S}$ 是 R 的所有不是有限生成的理想组成的集合. 假设 R 不是 Noether 环, 则 $\mathcal{S}$ 非空. 容易看出, $\mathcal{S}$ 关于包含关系组成的偏序集满足 Zorn 引理的条件, 所以, 根据 Zorn 引理, $\mathcal{S}$ 含有极大元, 设 I 是 $\mathcal{S}$ 的一个极大元. 根据假设, R 的所有素理想都是有限生成的, 所以, I 不是素理想, 于是, 存在 $a, b \in R$ 使得 $a \notin I, b \notin I$ 但 $ab \in I$. 由于 $I \subsetneq I + (b)$, 所以, 由 I 的极大性得 $I + (b)$ 是有限生成的. 则有 $u_1, \cdots, u_n \in I$ 使得 $I + (b) = (u_1, \cdots, u_n, b)$. 下面证明 I 是有限生成的. 注意到

$$
\begin{aligned}
I &= I \cap (I + (b)) = I \cap ((u_1, \cdots, u_n) + (b)) \\
&= (u_1, \cdots, u_n) + I \cap (b) \\
&= (u_1, \cdots, u_n) + b(I : b).
\end{aligned}
$$

又 $I \subseteq I : b$, $a \in I : b$, 所以 $I \subsetneq I : b$. 再由 I 的极大性知, $I : b$ 也是有限生成的, 令 $I : b = (v_1, \cdots, v_m)$, 则

$$I = (u_1, \cdots, u_n) + b(v_1, \cdots, v_m) = (u_1, \cdots, u_n, bv_1, \cdots, bv_m),$$

所以 I 是有限生成的, 但这与 $I \in \mathcal{S}$ 相矛盾. 这就证明了 R 是 Noether 环.

10. 由于 M 是 Noether 的, 所以 M 是有限生成的, 令 $M = (m_1, \cdots, m_n)$. 注意到

$$\mathrm{Ann}_R(M) = \{r \in R \mid rm_i = 0, i = 1, \cdots, n\}.$$

令

$$
\begin{aligned}
f:\ & R/\mathrm{Ann}_R(M) \to M^n = M \oplus \cdots \oplus M, \\
& r + \mathrm{Ann}_R(M) \mapsto (rm_1, \cdots, rm_n),
\end{aligned}
$$

则 f 是一个 R 模单同态. 由于 M^n 是 Noether 模, 所以 $R/\mathrm{Ann}_R(M)$ 是 Noether R 模, 从而是一个 Noether 环.

11. 设 R 是一个 Artin 环, $\mathfrak{p}$ 是 R 的一个素理想, 则 $R/\mathfrak{p}$ 是一个 Artin 整环. 为证明 $\mathfrak{p}$ 是极大理想, 我们来证明结论: 若 R 是 Artin 整环, 则 R 一定是域.

对任意 $a \neq 0 \in R$, 我们有理想降链:

$$(a) \supseteq (a^2) \supseteq (a^3) \supseteq \cdots,$$

则有 $n > 0$ 使得 $(a^n) = (a^{n+1})$. 故有 $b \in R$ 使得 $a^n = a^{n+1}b$, 因而 $ab = 1$, 所以 a 是可逆元, 从而 R 是域.

12. 设 R 是一个 Artin 环, 令

$$\mathcal{S} = \{\mathfrak{m}_1 \cap \cdots \cap \mathfrak{m}_n \mid n > 0, \mathfrak{m}_i \text{ 是 } R \text{ 的极大理想}, i = 1, \cdots, n\}.$$

由于 R 是 Artin 的, 所以, $\mathcal{S}$ 中含有极小元, 设 $\mathfrak{m}_1\cap\cdots\cap\mathfrak{m}_r$ 是 $\mathcal{S}$ 的一个极小元, 则对 R 的任意极大理想 $\mathfrak{m}$, 都有

$$\mathfrak{m}\cap\mathfrak{m}_1\cap\cdots\cap\mathfrak{m}_r=\mathfrak{m}_1\cap\cdots\cap\mathfrak{m}_r,$$

从而, $\mathfrak{m}\supseteq\mathfrak{m}_1\cap\cdots\cap\mathfrak{m}_r$, 则由 $\mathfrak{m}$ 是素理想知, 存在 i, 使得 $\mathfrak{m}\supseteq\mathfrak{m}_i$, 但 $\mathfrak{m}_i$ 是极大的, 因而, 必有 $\mathfrak{m}=\mathfrak{m}_i$, 所以, R 只有有限多个极大理想 $\mathfrak{m}_1,\cdots,\mathfrak{m}_r$.

13. 设 R 是一个 Artin 环, 根据上题, 设 $\mathfrak{m}_1,\cdots,\mathfrak{m}_r$ 是 R 的所有极大理想. 令

$$I=\mathfrak{m}_1\cap\cdots\cap\mathfrak{m}_r,$$

则由于 R 的素理想都是极大的, 所以 $I=j(R)$.

先证明, I 是幂零的. 考虑降链 $I\supseteq I^2\supseteq\cdots$, 由于 R 是 Artin 的, 所以, 存在 $s>0$ 使得 $I^s=I^{s+1}=\cdots$, 令 $I^*=I^s$. 假设 $I^*\neq 0$, 我们来得出矛盾. 令

$$\mathcal{T}=\{J\mid J\text{ 是 }R\text{ 的理想使得 }JI^*\neq 0\}.$$

由于 $II^*\neq 0$, 所以 $\mathcal{T}$ 非空. 根据 R 的 Artin 性知, $\mathcal{T}$ 含有极小元, 设 J^* 是 $\mathcal{T}$ 的一个极小元. 由 $J^*I^*\neq 0$ 得, 存在 $a\in J^*$ 使得 $aI^*\neq 0$. 但 $(a)\subseteq J^*$, 故由 J^* 的极小性得 $J^*=(a)$. 又由 $((a)I^*)I^*=(a)(I^*)^2=(a)I^*\neq 0$ 及 $(a)I^*\subseteq(a)$ 得到 $(a)=(a)I^*$, 所以, 存在 $b\in I^*$ 使得 $a=ab$, 从而 $a=ab=ab^2=\cdots$. 但由 $b\in I^*=I^s$ 知, b 是幂零的, 所以 $a=0$, 与 a 的选取相矛盾. 因而 I 是幂零的.

由于 $\mathfrak{m}_1^s\cdots\mathfrak{m}_r^s\subseteq(\mathfrak{m}_1\cap\cdots\cap\mathfrak{m}_r)^s=I^s$, 所以, 根据上面的论证, 可以得到, 在 Artin 环 R 中存在有限多个极大理想 (可以有相同的)$\mathfrak{m}_1,\cdots,\mathfrak{m}_n$ 使得 $\mathfrak{m}_1\cdots\mathfrak{m}_n=0$, 下面证明 R 一定是 Noether 的.

有 R 的理想链:

$$R\supseteq\mathfrak{m}_1\supseteq\mathfrak{m}_1\mathfrak{m}_2\supseteq\cdots\supseteq\mathfrak{m}_1\cdots\mathfrak{m}_n=0.$$

每个商模 $\mathfrak{m}_1\cdots\mathfrak{m}_i/\mathfrak{m}_1\cdots\mathfrak{m}_{i+1}$ 都是 Artin 的, 且是域 $R/\mathfrak{m}_{i+1}$ 上的向量空间. 而域上的向量空间, 若是 Artin 的, 则一定也是 Noether 的, 所以, 每个 $\mathfrak{m}_1\cdots\mathfrak{m}_i/\mathfrak{m}_1\cdots\mathfrak{m}_{i+1}$ 都是 Noether 的. 再回去看上面的理想链, 即得, R 是 Noether 的.

14. 对 R 的任意极大理想 $\mathfrak{m}$, 由 $\nu(m)$ 在 $M_\mathfrak{m}$ 中为 0 知, 存在 $s\notin\mathfrak{m}$ 使得 $sm=0$, 即 $\mathrm{Ann}_R(m)\not\subseteq\mathfrak{m}$.

假设 $m\neq 0$, 则 $\mathrm{Ann}_R(m)$ 是 R 的一个真理想, 于是, 存在 R 的一个极大理想 $\mathfrak{m}$ 使得 $\mathrm{Ann}_R(m)\subseteq\mathfrak{m}$, 则由上面的结论知, 在 $M_\mathfrak{m}$ 中, $\nu(m)$ 不为 0, 矛盾.

15. 根据命题 2.14,

$$\mathrm{Supp}_R(M)=\{\mathfrak{p}\in\mathrm{Spec}(R)\mid\mathfrak{p}\supseteq\mathrm{Ann}_R(M)\}.$$

于是

$$\{\mathfrak{p}\in \mathrm{Spec}(R)\mid \mathfrak{p}\supseteq \mathrm{Ann}_R(M)\}\subseteq \{\mathfrak{p}\in \mathrm{Spec}(R)\mid \mathfrak{p}\supseteq I\}.$$

由此即得 $\sqrt{I}\subseteq \sqrt{\mathrm{Ann}_R(M)}$, 故 $I\subseteq \sqrt{\mathrm{Ann}_R(M)}$, 则存在 $n>0$, 使得 $I^n\subseteq \mathrm{Ann}_R(M)$, 因而 $I^nM=0$.

第 3 章

1. (1) 假设 $S\cap\mathfrak{p}\neq\varnothing$, 设 $s\in S\cap\mathfrak{p}$, 由于 $\sqrt{\mathfrak{q}}=\mathfrak{p}$, 所以存在 $n>0$ 使得 $s^n\in S\cap\mathfrak{q}$, 则 $S^{-1}\mathfrak{q}$ 中包含元素 $\dfrac{s^n}{s^n}$, 它就是 $S^{-1}R$ 中的单位元, 因而 $S^{-1}\mathfrak{q}=S^{-1}R$.

(2) 假设 $S\cap\mathfrak{p}=\varnothing$, 则 $S^{-1}\mathfrak{p}$ 是一个素理想, 又

$$\sqrt{S^{-1}\mathfrak{q}}=S^{-1}\sqrt{\mathfrak{q}}=S^{-1}\mathfrak{p}.$$

设 $\dfrac{a}{s}\cdot\dfrac{b}{s'}\in S^{-1}\mathfrak{q}$ 但 $\dfrac{a}{s}\notin S^{-1}\mathfrak{q}$, 则有 $t\in S$ 使得 $tab\in\mathfrak{q}$ 但对任意 $t'\in S$ 都有 $t'a\notin\mathfrak{q}$. 由于 $\mathfrak{q}$ 是 $\mathfrak{p}$ 准素理想, 所以, $b\in\mathfrak{p}$. 于是 $\dfrac{b}{s'}\in S^{-1}\mathfrak{p}$. 这就证明了 $S^{-1}\mathfrak{q}$ 是一个 $S^{-1}\mathfrak{p}$ 准素理想.

2. 由第 1 题, $S^{-1}\mathfrak{q}_i$ 是 $S^{-1}\mathfrak{p}_i$ 准素的, $i=1,\cdots,m$, 而 $S^{-1}\mathfrak{q}_j=S^{-1}R$, $j=m+1,\cdots,n$, 因而, 我们有准素分解式:

$$S^{-1}I=S^{-1}\mathfrak{q}_1\cap\cdots\cap S^{-1}\mathfrak{q}_m.$$

根据局部化下素理想的对应关系, 由 $\mathfrak{p}_1,\cdots,\mathfrak{p}_m$ 互不相同知, $S^{-1}\mathfrak{p}_1,\cdots,S^{-1}\mathfrak{p}_m$ 也互不相同. 为证明上面的准素分解式是约化的, 最后, 我们来证明, 例如,

$$S^{-1}\mathfrak{q}_1\not\supseteq S^{-1}(\mathfrak{q}_2\cap\cdots\cap\mathfrak{q}_m).$$

由分解式 $I=\mathfrak{q}_1\cap\cdots\cap\mathfrak{q}_n$ 的约化性得, $\mathfrak{q}_1\not\supseteq\mathfrak{q}_2\cap\cdots\cap\mathfrak{q}_m$, 则存在 $a\in(\mathfrak{q}_2\cap\cdots\cap\mathfrak{q}_m)\backslash\mathfrak{q}_1$. 若 $\dfrac{a}{1}\in S^{-1}\mathfrak{q}_1$, 则有 $s\in S$ 使得 $sa\in\mathfrak{q}_1$. 但 $s\notin\mathfrak{p}_1$ 且 $\mathfrak{q}_1$ 是 $\mathfrak{p}_1$ 准素的, 所以, 必有 $a\in\mathfrak{q}_1$. 因而 $\dfrac{a}{1}\notin S^{-1}\mathfrak{q}_1$, 这就证明了, $S^{-1}\mathfrak{q}_1\not\supseteq S^{-1}(\mathfrak{q}_2\cap\cdots\cap\mathfrak{q}_m)$.

3. 设 $f,g\in F[X,Y]$ 使得 $fg\in\mathfrak{q}$ 但 $f\notin\mathfrak{q}$, 则在 $F[X,Y]/\mathfrak{q}$ 中, $\overline{f}\overline{g}=\overline{0}$ 但 $\overline{f}\neq\overline{0}$. 因而 $\overline{g}$ 是 $F[X,Y]/\mathfrak{q}$ 中的一个零因子. 注意到 $F[X,Y]/\mathfrak{q}\cong F[Y]/(Y^3)$, 而 $F[Y]/(Y^3)$ 中的零因子都是幂零元. 所以 $\overline{g}$ 是 $F[X,Y]/\mathfrak{q}$ 中的一个幂零元, 因而 $\mathfrak{q}$ 是 $F[X,Y]$ 的一个准素理想.

4. 如果 I 是准素理想, 则 $I=I$ 就是 I 的一个约化的准素分解式, 因而由定理 3.6, $\mathrm{Ass}_R(R/I)$ 仅含一个元素.

反过来, 假设 $\mathrm{Ass}_R(R/I)$ 仅含一个元素, 令 $\mathrm{Ass}_R(R/I)=\{\mathfrak{p}\}$, 则根据定理 3.6, I 的约化准素分解式只能是 $I=I$, 其中 I 是 $\mathfrak{p}$ 准素理想.

5. 假设 $\mathfrak{p} \in \mathrm{Ass}_R(M)$, 则有 $m \in M$ 使得 $\mathfrak{p} = \mathrm{Ann}_R(m)$. 注意到, 在 $M_\mathfrak{p}$ 中, $\frac{m}{1} \neq 0$. 显然 $\mathfrak{p}R_\mathfrak{p} \subseteq \mathrm{Ann}_{R_\mathfrak{p}}\left(\frac{m}{1}\right)$. 又若 $\frac{r}{s} \notin \mathfrak{p}R_\mathfrak{p}$, 则 $\frac{r}{s}$ 是 $R_\mathfrak{p}$ 中的可逆元, 从而 $\frac{r}{s} \notin \mathrm{Ann}_{R_\mathfrak{p}}\left(\frac{m}{1}\right)$. 所以 $\mathfrak{p}R_\mathfrak{p} = \mathrm{Ann}_{R_\mathfrak{p}}\left(\frac{m}{1}\right)$. 因而 $\mathfrak{p}R_\mathfrak{p} \in \mathrm{Ass}_{R_\mathfrak{p}}(M_\mathfrak{p})$.

反过来, 假设 $\mathfrak{p}R_\mathfrak{p} \in \mathrm{Ass}_{R_\mathfrak{p}}(M_\mathfrak{p})$, 则有 $\frac{m}{s} \in M_\mathfrak{p}$ 使得 $\mathfrak{p}R_\mathfrak{p} = \mathrm{Ann}_{R_\mathfrak{p}}\left(\frac{m}{s}\right)$. 于是, $\mathfrak{p}R_\mathfrak{p}\frac{m}{s} = 0$, 故对任意 $a \in \mathfrak{p}$, 存在 $t \in S$, 使得 $tam = 0$. 令 $\mathfrak{p} = (a_1, \cdots, a_n)$, 对 a_i, 存在 $t_i \in S$ 使得 $t_i a_i m = 0$, 令 $t' = t_1 \cdots t_n$, 则 $a_i t' m = 0$, $i = 1, \cdots, n$, 因而 $\mathfrak{p}t'm = 0$, 即 $\mathfrak{p} \subseteq \mathrm{Ann}_R(t'm)$. 又若 $a \notin \mathfrak{p}$, 则 $\frac{a}{1}$ 是 $R_\mathfrak{p}$ 中的可逆元, 因而 $\frac{a}{1} \cdot \frac{m}{s} \neq 0$, 则 $\frac{a}{1} \cdot \frac{t'm}{t's} \neq 0$, 于是 $at'm \neq 0$, 所以 $a \notin \mathrm{Ann}_R(t'm)$. 这就证明了 $\mathfrak{p} = \mathrm{Ann}_R(t'm)$, 于是 $\mathfrak{p} \in \mathrm{Ass}_R(M)$.

6. 设 $\mathfrak{p} \in \mathrm{Ass}_R(M)$, 则有正合列 $0 \to R/\mathfrak{p} \to M$. 在 $\mathfrak{p}$ 处取局部化得正合列

$$0 \to (R/\mathfrak{p})_\mathfrak{p} \to M_\mathfrak{p}.$$

而对正合列 $0 \to \mathfrak{p} \to R \to R/\mathfrak{p} \to 0$ 在 $\mathfrak{p}$ 处取局部化, 我们得到 $(R/\mathfrak{p})_\mathfrak{p} \cong R_\mathfrak{p}/\mathfrak{p}R_\mathfrak{p}$, 所以, 有单同态 $R_\mathfrak{p}/\mathfrak{p}R_\mathfrak{p} \to M_\mathfrak{p}$, 则由 $R_\mathfrak{p}/\mathfrak{p}R_\mathfrak{p} \neq 0$ 即得 $M_\mathfrak{p} \neq 0$, 所以 $\mathfrak{p} \in \mathrm{Supp}_R(M)$, 故 $\mathrm{Ass}_R(M) \subseteq \mathrm{Supp}_R(M)$.

假设 $\mathfrak{p}$ 是 $\mathrm{Supp}_R(M)$ 中的一个极小元. 考虑 $R_\mathfrak{p}$ 模 $M_\mathfrak{p}$. 由于对 $R_\mathfrak{p}$ 的任意素理想 $\mathfrak{q}R_\mathfrak{p}$, 若 $\mathfrak{q}R_\mathfrak{p} \subsetneq \mathfrak{p}R_\mathfrak{p}$, 则 $(M_\mathfrak{p})_{\mathfrak{q}R_\mathfrak{p}} \cong M_\mathfrak{q} = 0$, 所以 $\mathrm{Supp}_{R_\mathfrak{p}}(M_\mathfrak{p}) = \{\mathfrak{p}R_\mathfrak{p}\}$. 但 $\mathrm{Ass}_{R_\mathfrak{p}}(M_\mathfrak{p}) \subseteq \mathrm{Supp}_{R_\mathfrak{p}}(M_\mathfrak{p})$ 又 $\mathrm{Ass}_{R_\mathfrak{p}}(M_\mathfrak{p}) \neq \varnothing$, 所以, 必有 $\mathrm{Ass}_{R_\mathfrak{p}}(M_\mathfrak{p}) = \{\mathfrak{p}R_\mathfrak{p}\}$. 于是, 根据习题 5 的结论得到, $\mathfrak{p} \in \mathrm{Ass}_R(M)$.

7. (1) $\Rightarrow$ (2). 假设 N 是 M 的准素子模. 令 $\mathrm{Ass}_R(M/N) = \{\mathfrak{p}\}$. 显然 $N \neq M$. 对任意 $x \in M/N$, 若 $x \neq 0$, 则 $\varnothing \neq \mathrm{Ass}_R(Rx) \subseteq \mathrm{Ass}_R(M/N)$, 即得 $\mathrm{Ass}_R(Rx) = \{\mathfrak{p}\}$, 于是 $\mathfrak{p}$ 是 $\mathrm{Supp}_R(Rx)$ 中的唯一的极小元. 根据命题 2.14, $\mathfrak{p}$ 也是包含 $\mathrm{Ann}_R(x)$ 的唯一的极小素理想, 由此即得 $\mathfrak{p} = \sqrt{\mathrm{Ann}_R(x)}$. 若 a 是 M/N 的一个零因子, 则 $a \in \mathfrak{p}$, 因而存在 $n > 0$ 使得 $a^n x = 0$.

(2) $\Rightarrow$ (1). 令

$$\mathfrak{p} = \{a \in R \mid \text{对任意 } x \in M/N \text{ 都存在 } n > 0 \text{ 使得 } a^n x = 0\}.$$

容易验证, $\mathfrak{p}$ 是一个理想. 我们来证明, $\mathrm{Ass}_R(M/N) = \{\mathfrak{p}\}$. 任取 $\mathfrak{q} \in \mathrm{Ass}_R(M/N)$, 设 $\mathfrak{q} = \mathrm{Ann}_R(x)$. 根据 $\mathfrak{p}$ 的定义, 对任意 $a \in \mathfrak{p}$, 存在 $n > 0$ 使得 $a^n x = 0$, 从而 $a^n \in \mathfrak{q}$, 但 $\mathfrak{q}$ 是素理想, 故 $a \in \mathfrak{q}$, 所以 $\mathfrak{p} \subseteq \mathfrak{q}$. 根据假设, $\mathfrak{p}$ 包含 M/N 的所有零因子, 因而 $\mathfrak{q} \subseteq \mathfrak{p}$, 于是 $\mathfrak{p} = \mathfrak{q}$, 故 $\mathrm{Ass}_R(M/N) = \{\mathfrak{p}\}$. 所以, N 是 M 的准素子模.

8. 由于 N 是 M 的 $\mathfrak{p}$ 准素子模, 所以 $\mathrm{Ass}_R(M/N)=\{\mathfrak{p}\}$. 则 $\mathfrak{p}$ 是 $\mathrm{Supp}_R(M/N)$ 中的唯一的极小元, 则根据命题 2.14, $\mathfrak{p}$ 是包含 $\mathrm{Ann}_R(M/N)$ 的唯一的极小素理想, 因而 $\sqrt{\mathrm{Ann}_R(M/N)}=\mathfrak{p}$.

设 $a,b\in R$ 使得 $ab\in \mathrm{Ann}_R(M/N)$ 但 $a\notin \mathrm{Ann}_R(M/N)$, 则 b 是 M/N 的一个零因子. 于是, 根据习题 7 的结论, 对任意 $x\in M/N$, 都存在 $n>0$ 使得 $b^nx=0$. 由于 M/N 是有限生成的, 令 $M/N=(x_1,\cdots,x_s)$, 对每个 x_i, 存在 $n_i>0$ 使得 $b^{n_i}x_i=0$. 令 $n=\max\{n_1,\cdots,n_s\}$, 则 $n>0$ 使得, 对任意 $x\in M/N$ 都有 $b^nx=0$, 因而 $b^n\in \mathrm{Ann}_R(M/N)$. 这就证明了 $\mathrm{Ann}_R(M/N)$ 是一个准素理想, 因而是一个 $\mathfrak{p}$ 准素理想.

9. 假设 R 是 Noether 环, M 是有限生成的 R 模.

M 的子模 N 称为是可约的, 如果 $N=K\cap L$, 其中 K,L 是 M 的子模但 $K\neq N$, $L\neq N$. 不是可约的子模称为是不可约子模.

先证明, 若 N 是 M 的真子模, 则存在不可约子模 $Q_1,\cdots,Q_r$, 使得:

$$N=Q_1\cap\cdots\cap Q_r.$$

令$\mathcal{S}$是由M的所有不能表示成有限多个不可约子模的交的那些子模所组成的集合. 假设 $\mathcal{S}$ 非空, 则由于 M 是 Noether 模, 所以 $\mathcal{S}$ 中含有极大元. 令 N 是 $\mathcal{S}$ 的一个极大元, 则 N 一定是可约的. 于是, 存在子模 N_1,N_2, $N_i\neq N$, $i=1,2$, 使得 $N=N_1\cap N_2$. 由 N 的极大性知, N_1,N_2 都不在 $\mathcal{S}$ 之中, 因而, N_1 和 N_2 都可以表示成有限多个不可约子模的交, 则 N 也可以表示成有限多个不可约子模的交, 这与 N 属于 $\mathcal{S}$ 相矛盾, 所以 $\mathcal{S}$ 是空集, 从而结论成立.

再证明, M 的不可约子模都是准素子模. 设 N 是 M 的不是准素的子模, 则 $\mathrm{Ass}_R(M/N)$ 中至少包含两个素理想. 设 $\mathfrak{p}_1,\mathfrak{p}_2\in \mathrm{Ass}_R(M/N)$, 则有 M 的严格包含 N 的子模 N_1 和 N_2 使得 $N_1/N\cong R/\mathfrak{p}_1$, $N_2/N\cong R/\mathfrak{p}_2$. 若存在 $n\in N_1\cap N_2\setminus N$, 则 $n+N$ 是 N_i/N, $i=1,2$, 中的非零元. 由 $R/\mathfrak{p}_i$ 是整环可见, $\mathrm{Ann}_R(n+N)=\mathfrak{p}_i$, $i=1,2$. 由此即得 $\mathfrak{p}_1=\mathfrak{p}_2$, 矛盾, 所以 $N_1\cap N_2\setminus N=\varnothing$, 从而 $N=N_1\cap N_2$, 故 N 是可约的. 所以, M 的不可约子模都是准素子模.

因而, M 的真子模都有准素分解.

10. 设 $I=\mathfrak{q}_1\cap\cdots\cap\mathfrak{q}_n$ 是 I 的一个约化的准素分解式, $\mathfrak{p}_i=\sqrt{\mathfrak{q}_i}$, $i=1,\cdots,n$.

假设 $\mathfrak{p}_i$ 是孤立素理想, 不妨设 $i=1$, 我们来证明, $\mathfrak{q}_1=\phi^{-1}(I_{\mathfrak{p}_1})$, 其中 ϕ 是 R 到 $R_{\mathfrak{p}_1}$ 的自然的环同态.

注意到, 由 $\mathfrak{p}_1$ 的极小性知, $(R\setminus\mathfrak{p}_1)\cap\mathfrak{p}_i\neq\varnothing$, $i=2,\cdots,n$, 从而 $I_{\mathfrak{p}_1}=(\mathfrak{q}_1)_{\mathfrak{p}_1}$. 只需验证

$$\phi^{-1}((\mathfrak{q}_1)_{\mathfrak{p}_1})\subseteq\mathfrak{q}_1.$$

设 $\frac{a}{1} \in (\mathfrak{q}_1)_{\mathfrak{p}_1}$, 则有 $s \notin \mathfrak{p}_1$ 使得 $sa \in \mathfrak{q}_1$, 由此即得 $a \in \mathfrak{q}_1$. 故上面的包含关系成立.

所以, $\mathfrak{q}_1$ 是由 I 所唯一决定的.

11. 由上题的解答即得 $\mathfrak{p}^{(n)} = \nu^{-1}(\mathfrak{p}^n R_{\mathfrak{p}})$.

设 k 是一个域, 令 $R = k[x, xy, y^2, y^3]$ 是多项式环 $k[x, y]$ 的子环, $\mathfrak{p} = (xy, y^2, y^3)$ 是 R 的一个素理想. 则 $\mathfrak{p}^2 = (x^2y^2, xy^3, y^4, y^5)$, 但 $\mathfrak{p}^{(2)} = (y^2, y^3)$.

12. 假设 $\mathfrak{p} \in \mathrm{Ass}_R(M)$. 令 $\mathfrak{p} = \mathrm{Ann}_R(m)$, $m \in M$. 显然 $\mathfrak{p} \supseteq I$. 对任意 $\overline{r} \in \overline{R}$, 我们有 $\overline{r}m = 0$ 当且仅当 $rm = 0$, 即, $r \in \mathfrak{p}$. 故 $\mathrm{Ann}_{\overline{R}}(m) = \mathfrak{p}/I$. 反过来, 若 $\mathfrak{p}/I = \mathrm{Ann}_{\overline{R}}(m)$, 则有 $\mathfrak{p} = \mathrm{Ann}_R(m)$.

第 4 章

1. (1) $\Rightarrow$ (2) 根据定义, $N = \oplus_{n\geqslant 0}(N \cap M_n)$, 由此即得, N 由齐次元 $N \cap M_n$, $n \geqslant 0$, 生成.

(2) $\Rightarrow$ (3) 把 $m_{i_1} + \cdots + m_{i_k}$ 表示成 N 的齐次生成元的系数为齐次的线性组合, 再比较同次的元素得到, 每个 m_{i_j} 也是 N 的一些齐次生成元的线性组合, 所以, $m_{i_j} \in N$.

(3) $\Rightarrow$ (1) 根据假设, 我们有 $N = \oplus_{n\geqslant 0}(N \cap M_n)$, 从而, N 是 M 的一个分次子模.

2. 根据命题 4.3, 有

$$\dim(R/(a)) \leqslant \dim(R) - 1.$$

令 $\dim(R/(a)) = s$. 若 $a_1+(a), \cdots, a_s+(a)$ 是 $R/(a)$ 的一个参数系, 则 $(a_1, \cdots, a_s, a)$ 是 R 的一个 $\mathfrak{m}$ 准素理想, 由此即得

$$\dim(R) \leqslant \dim(R/(a)) + 1.$$

因而 $\dim(R/(a)) = \dim(R) - 1$.

3. 注意到, 对任意包含 I 的素理想 $\mathfrak{p}$ 都有 $\mathrm{ht}(\mathfrak{p}) \geqslant \mathrm{ht}(I)$. 任取 R/I 的一个素理想链:

$$\mathfrak{q}_0/I \subsetneq \mathfrak{q}_1/I \subsetneq \cdots \subsetneq \mathfrak{q}_t/I.$$

令 $\mathrm{ht}(\mathfrak{q}_0) = s$, 则有长度为 s, 以 $\mathfrak{q}_0$ 为终点的素理想链:

$$\mathfrak{p}_0 \subsetneq \mathfrak{p}_1 \subsetneq \cdots \subsetneq \mathfrak{p}_s = \mathfrak{q}_0,$$

则

$$\mathfrak{p}_0 \subsetneq \mathfrak{p}_1 \subsetneq \cdots \subsetneq \mathfrak{p}_s \subsetneq \mathfrak{q}_1 \subsetneq \cdots \subsetneq \mathfrak{q}_t$$

是 R 的一个长度为 $s+t$ 的素理想链. 因而 $\dim(R) \geqslant s+t$, 于是 $t \leqslant \dim(R) - s \leqslant \dim(R) - \mathrm{ht}(I)$. 由此推得

$$\dim(R/I) \leqslant \dim(R) + \mathrm{ht}(I).$$

4. 由于 $\mathrm{ht}(\mathfrak{p}) = \dim(R_{\mathfrak{p}})$, 又 Noether 局部环 $R_{\mathfrak{p}}$ 的维数总是有限的, 所以 $\mathrm{ht}`(\mathfrak{p}) < \infty$.

5. 设 R 是一个 Noether 环,

$$\mathfrak{p} = \mathfrak{p}_1 \supseteq \mathfrak{p}_2 \supseteq \cdots$$

是 R 的任意一个素理想降链. 在 $\mathfrak{p}$ 处取局部化, 我们得到 $R_{\mathfrak{p}}$ 的一个素理想降链:

$$\mathfrak{p}_1 R_{\mathfrak{p}} \supseteq \mathfrak{p}_2 R_{\mathfrak{p}} \supseteq \cdots.$$

由于 $R_{\mathfrak{p}}$ 是 Noether 局部环, 所以其维数一定有限, 因而 $R_{\mathfrak{p}}$ 中的素理想降链总是稳定的, 则存在 $n > 0$ 使得 $\mathfrak{p}_n R_{\mathfrak{p}} = \mathfrak{p}_{n+1} R_{\mathfrak{p}} = \cdots$. 于是 $\mathfrak{p}_n = \mathfrak{p}_{n+1} = \cdots$, 所以, Noether 环的素理想的降链总是稳定的.

6. (1) 假设 $I \not\subseteq J$ 且 $J \not\subseteq I$, 任取 $a \in I \setminus J$, $b \in J \setminus I$. 考虑元素 ab^{-1}, 则由 R 是赋值环知, 必有 $ab^{-1} \in R$, 或者 $a^{-1}b = (ab^{-1})^{-1} \in R$. 但是, 若 $ab^{-1} \in R$, 则 $a = (ab^{-1})b \in J$, 与 $a \notin J$ 相矛盾; 若 $a^{-1}b \in R$, 则 $b = (a^{-1}b)a \in I$, 又与 $b \notin I$ 相矛盾. 这就证明了, $I \subseteq J$ 或者 $J \subseteq I$.

(2) 根据定义, 离散赋值环一定是 Noether 环. 反过来, 假设 R 是一个 Noether 赋值环, 我们来证明, R 是离散赋值环.

容易看出, R 只有一个极大理想, 因为, 若有两个极大理想, 则由 R 是赋值环这一假设得它们有包含关系, 所以, R 是局部环, 令 $\mathfrak{m}$ 是它的唯一的极大理想.

先证明, R 的每个理想都是主理想. 设 I 是 R 的一个理想, 由于 R 是 Noether 环, 所以, I 是有限生成的, 令 $I = (a_1, \cdots, a_n)$. 比较 a_i 和 a_j 生成的理想 (a_i) 和 (a_j), 由于 R 是赋值环, 所以 $(a_i) \subseteq (a_j)$, 或者 $(a_j) \subseteq (a_i)$, 于是, 作为 I 的生成元, 可以去掉 a_i, 或者 a_j. 如此比较下去, 即得 I 可以由一个元素生成, 即 I 是一个主理想. 从而, $\mathfrak{m}$ 是一个主理想.

最后说明, R 的维数为 1. 这是因为, 由 $\mathfrak{m}$ 可由一个元素生成, 由维数的等价性质即得 $\dim(R) \leqslant 1$, 但由 R 不是域知 $\dim(R) > 0$, 所以 $\dim(R) = 1$.

所以, R 是一个离散赋值环.

7. 首先注意到, 根据 Krull 定理, $\bigcap\limits_{n>0} I^n = 0$.

对任意 $a, b \in R$, 假设 $a \neq 0$, $b \neq 0$, 则由 Krull 定理, 存在 $s > 0$, $t > 0$, 使得 $a \in I^s \setminus I^{s+1}$, $b \in I^t \setminus I^{t+1}$. 令 $a^* = a + I^{s+1}$, $b^* = b + I^{t+1}$, 则 $a^*, b^* \in \mathcal{G}_I(R)$, 且 $a^* \neq 0$, $b^* \neq 0$. 由于 $\mathcal{G}_I(R)$ 是整环, 所以 $a^* \cdot b^* \neq 0$, 则必有 $ab \neq 0$. 所以 R 也是整环.

8. 令 $\overline{M}=M/N$, 则 $\overline{M}$ 也是一个有限生成的 R 模, 则根据 Krull 定理, 有

$$\bigcap_{n>0}\mathfrak{m}^n\overline{M}=0.$$

但

$$\bigcap_{n>0}\mathfrak{m}^n\overline{M}=\bigcap_{n>0}(N+\mathfrak{m}^nM)/N\supseteq\left(\bigcap_{n>0}(N+\mathfrak{m}^nM)\right)/N,$$

所以, $\bigcap\limits_{n>0}(N+\mathfrak{m}^nM)=N$.

9. 首先假设 R 是一个唯一分解整环. 设 $\mathfrak{p}$ 是 R 的一个素理想且 $\mathrm{ht}(\mathfrak{p})=1$. 任取 $a\neq 0\in\mathfrak{p}$, 将 a 分解成既约元的乘积. 设 p_1 是 a 的任意一个既约元因子, 则 (p_1) 是一个素理想. 于是, 由 $\mathfrak{p}\supseteq(p_1)$ 及 $\mathrm{ht}(\mathfrak{p})=1$, 即得 $\mathfrak{p}=(p_1)$ 是主理想.

反过来, 假设 Noether 整环 R 的每个高度为 1 的素理想都是主理想. 设 $a\in R$ 非零非单位, 我们来证明 a 有唯一的分解式. 先证明存在性. 如果 a 不是既约的, 则 $a=p_1p_2$, 其中 p_1 和 p_2 都不是单位, 从而 $(a)\subsetneq(p_i)$, $i=1,2$. 若 p_1,p_2 中仍有不是既约元的元素, 则将其再分解. 如此继续下去, 如果这个过程可以无限地做下去, 则我们会得到一个严格的理想升链, 但这与 R 是 Noether 环相矛盾. 所以, 这样的分解只能进行有限步, 从而得到 a 的一个既约元分解式.

再证唯一性, 即, 若 $p_1\cdots p_s=q_1\cdots q_t$ 是两个既约元分解式, 则 $s=t$ 且调整 $q_1,\cdots,q_t$ 的顺序可以得到 p_i 与 q_i 相伴, $i=1,\cdots,s$. 注意到, 由 a 的分解式得, $p_1\mid q_1\cdots q_t$, 如果由此可以得到有某个 i 使得 $p_1\mid q_i$, 就可得到唯一性, 而这性质是素元所具有的. 所以, 我们只需 R 的既约元都是素元即可.

设 p 是 R 的一个既约元, 为证明 p 是素元, 只需证明理想 (p) 是素理想. 设 P 是包含 (p) 的一个极小素理想, 则由推论 4.1 得 $\mathrm{ht}(P)=1$. 于是, 根据假设, P 是主理想. 令 $P=(b)$, 则由 $(p)\subseteq(b)$ 及 p 是既约元得 b 与 p 相伴, 从而, $(p)=P$ 是素理想, 得证.

第 5 章

1. 对任意 $n>0$, 有一个满同态

$$\begin{aligned}\phi_n:\ R/(a)&\to(a)^n/(a)^{n+1},\\ r+(a)&\mapsto a^nr+(a)^{n+1},\end{aligned}$$

因而 $\ell(R/(a))\geqslant\ell((a)^n/(a)^{n+1})$. 由于对充分大的 n, 总有 $\ell((a)^n/(a)^{n+1})=e((a))$, 所以 $e(\mathfrak{q})\leqslant\ell(R/\mathfrak{q})$.

$e(\mathfrak{q})=\ell(R/\mathfrak{q})$ 的充要条件是, 对充分大的 n, ϕ_n 都是单同态. 若 a 不是零因子, 则容易看出, 对任意 $n>0$, ϕ_n 都是单同态.

反过来, 假设对充分大的 n, ϕ_n 都是单同态, 则对 $r \in R$, 若 $a^n r \in (a^{n+1})$, 则 $r \in (a)$. 设 $r \in R$ 使得 $ra = 0$, 则对任意 $n > 0$ 都有 $a^n r \in (a^{n+1})$, 因而 $r \in (a)$. 于是 $r = r_1 a \in (a)$, 对于 r_1, 有 $a^{n+1} r_1 = a^n r \in (a^{n+2})$, 则 $r_1 \in (a)$, 所以 $r_1 = r_2 a$, 故 $r = r_2 a^2 \in (a)^2$. 如此继续下去, 可以得到 $r \in (a)^s$, $s = 1, 2, \cdots$. 因而

$$r \in \bigcap_{s>0} (a)^s.$$

但根据 Krull 定理, $\bigcap_{s>0} (a)^s = 0$, 所以 $r = 0$. 这就证明了, a 不是零因子.

2. 由于 $f = (3X^2Y - Y^3) + (X^4 + Y^4 + 2X^2Y^2)$, 所以, 由定理 5.3, 得 $e_O(C_f) = 3$.

3. 设 $\mathfrak{q}$ 是 $\mathfrak{m}$ 准素理想, 假设 I 是 $\mathfrak{q}$ 的一个约化, 则 $I \subseteq \mathfrak{q}$ 且存在 $r > 0$ 使 $\mathfrak{q}^{r+1} = I\mathfrak{q}^r$, 因而, 对任意 $n > 0$ 有 $\mathfrak{q}^{n+r} = I^n \mathfrak{q}^r$. 于是

$$\mathfrak{q}^{r+1} \subseteq I \subseteq \mathfrak{q}.$$

由此即得 $\sqrt{I} = r(\mathfrak{q}) = \mathfrak{m}$, 所以 I 也是 $\mathfrak{m}$ 准素的.

对任意 $n > 0$, 我们有

$$\ell(R/I^{n+r}) \geqslant \ell(R/\mathfrak{q}^{n+r}) = \ell(R/I^n \mathfrak{q}^r) \geqslant \ell(R/I^n),$$

所以, $f_{\mathfrak{q}}(t)$ 与 $f_I(t)$ 的首项是相同的, 因而 $e(\mathfrak{q}) = e(I)$.

4. 对次数 d 用归纳法. 若 $d = 0$, 则结论显然成立.

假设 $d > 0$ 且结论对 $d - 1$ 都成立. 设 $f(t)$ 是次数为 d 的有理系数多项式且对充分大的整数 n, $f(n)$ 都是整数. 令 $f(t) = \dfrac{e}{d!} t^d +$ 低次项, 其中 e 是有理数, $F(t) = f(t) - f(t-1)$. 则

$$F(t) = \frac{e}{(d-1)!} t^{d-1} + \text{低次项}.$$

所以, $F(t)$ 是一个次数为 $d - 1$ 的有理系数多项式且对充分大的整数 n, $F(n)$ 都是整数, 则对 $F(t)$ 用归纳假设得, e 是整数, 所以, 存在整数 e 使得

$$f(t) = \frac{e}{d!} t^d + \text{低次项}.$$

第 6 章

1. 显然 X 是正则元. 设 $f \in R$ 使得 $fY(1 - X) \in (X)$, 则 $X \mid fY(1 - X)$, 必有 $X \mid f$, 即 $f \in (X)$, 所以 $X, Y(1 - X)$ 是正则序列. 又若 $f \in R$ 使得 $fZ(1 - X) \in (X, Y(1 - X)) = (X, Y)$, 则有 $g_1, g_2 \in R$ 使得

$$fZ(1 - X) = g_1 X + g_2 Y.$$

于是 $f(1-X)\in(X,Y)$ (因为, 容易验证 X,Y,Z 是一个正则序列), 因而有 $h_1,h_2\in R$ 使得 $f(1-X)=h_1X+h_2Y$. 由此即得 $f=fX+h_1X+h_2Y\in(X,Y)=(X,Y(1-X))$, 所以, $X,Y(1-X),Z(1-X)$ 是一个 R 正则序列.

但 $Y(1-X),Z(1-X),X$ 不是 R 正则的, 因为 $Y(1-X),Z(1-X)$ 就不是正则序列, 这由 $Y\notin(Y(1-X))$ 但 $YZ(1-X)\in(Y(1-X))$ 即可看出.

2. 首先证明, 若 $a_1,\cdots,a_n$ 是 M 正则序列, 则由

$$a_1m_1+\cdots+a_nm_n=0,\quad m_i\in M,$$

得 $m_i\in(a_1,\cdots,a_n)M$, $i=1,\cdots,n$. 对 n 用归纳法. 若 $n=1$, 则由 $a_1m_1=0$ 得 $m_1=0$. 再设 $n>1$ 且结论对 $n-1$ 成立. 由于 $a_1,\cdots,a_n$ 是 M 正则序列, 所以, 由上式得 $m_n=a_1\alpha_1+\cdots+a_{n-1}\alpha_{n-1}$, $\alpha_i\in M$. 再代入上式得

$$a_1(m_1+a_n\alpha_1)+\cdots+a_{n-1}(m_{n-1}+a_n\alpha_{n-1})=0,$$

则根据归纳假设, $m_i+a_n\alpha_i\in(a_1,\cdots,a_{n-1})M$, 因而 $m_i\in(a_1,\cdots,a_n)M$, $i=1,\cdots,n$.

假设 $a_1,\cdots,a_n$ 是一个 M 正则序列, 我们来证明, 对任意正整数 s_1, $a_1^{s_1},a_2,\cdots,a_n$ 也是 M 正则序列. 对 s_1 用归纳法. $s_1=1$ 时显然成立. 假设 $s_1>1$ 且结论对 s_1-1 成立, 即 $a^{s_1-1},a_2,\cdots,a_n$ 是 M 正则序列. 现在证明 $a_1^{s_1},a_2,\cdots,a_n$ 是 M 正则序列. $a_1^{s_1}$ 显然是 M 正则元. 对 $i>1$, 假设

$$a_im=a_1^{s_1}m_1+a_2m_2+\cdots+a_{i-1}m_{i-1},\quad m_1,\cdots,m_{i-1},m\in M,$$

则由归纳假设, $m=a_1^{s_1-1}m_1'+a_2m_2'+\cdots+a_{i-1}m_{i-1}'$, $m_j'\in M$. 代入上式得

$$a_1^{s_1-1}(a_1m_1-a_im_1')+a_2(m_2-a_im_2')+\cdots+a_{i-1}(m_{i-1}-a_im_{i-1}')=0.$$

于是, 由上面的结论即得 $a_1m_1-a_im_1'\in(a_1^{s_1-1},a_2,\cdots,a_{i-1})M$. 因而 $a_im_1'\in(a_1,a_2,\cdots,a_{i-1})M$, 故 $m_1'\in(a_1,\cdots,a_{i-1})M$. 从而 $m\in(a_1^{s_1},a_2,\cdots,a_{i-1})M$, 所以, $a_1^{s_1},a_2,\cdots,a_n$ 是 M 正则序列. 因而 $a_2,\cdots,a_n$ 是 $M/a_1^{s_1}M$ 正则序列. 由上面的论证, $a_2^{s_2},a_3,\cdots,a_n$ 是 $M/a_1^{s_1}M$ 正则序列. 如此继续下去, 即得 $a_1^{s_1},a_2^{s_2},\cdots,a_n^{s_n}$ 是 M 正则序列.

3. 由于任意一个排列都可以用若干个相邻置换来实现, 所以只需证明, 若 a_1,a_2 是 M 正则序列, 则 a_2,a_1 也是 M 正则序列.

先证明 a_2 是 M 正则元. 若 $a_2m=0,m\in M$, 则由 a_1,a_2 是 M 正则序列知, $m=a_1m'$, $m'\in M$. 故 $a_1a_2m'=0$. 则 $a_2m'=0$. 因而 $0:_Ma_2=a_1(0:_Ma_2)$, 根据 Nakayama 引理, $0:_Ma_2=0$, 故 $m=0$, 从而 a_2 是 M 正则元.

再证 a_1 是 M/a_2M 正则元. 设 $m \in M$ 使得 $a_1m \in a_2M$, 则有 $m' \in M$ 使得 $a_1m = a_2m'$. 由于 a_1, a_2 是 M 正则序列, 所以 $m' = a_1m''$, 因而 $a_1(m - a_2m'') = 0$, 由此即得 $m = a_2m'' \in a_2M$. 所以 a_1 是 M/a_2M 正则元, 从而 a_2, a_1 也是 M 正则序列.

4. 令 $\operatorname{depth}(\mathfrak{p}) = r$, 设 $a_1, \cdots, a_r \in \mathfrak{p}$ 是 $\mathfrak{p}$ 中的一个极大正则序列, 则

$$\mathfrak{p} \subseteq \bigcup_{\mathfrak{q} \in \operatorname{Ass}_R(R/(a_1,\cdots,a_r))} \mathfrak{q},$$

根据回避引理, 存在 $\mathfrak{q} \in \operatorname{Ass}_R(R/(a_1, \cdots, a_r))$ 使得 $\mathfrak{p} \subseteq \mathfrak{q}$, 于是 $\dim(R/\mathfrak{q}) \leqslant \dim(R/\mathfrak{p})$.

由于 $a_1, \cdots, a_r$ 是 M 正则序列, 所以,

$$\operatorname{depth}(R) = \operatorname{depth}(R/(a_1, \cdots, a_r)) + r = \operatorname{depth}(R/(a_1, \cdots, a_r)) + \operatorname{depth}(\mathfrak{p}).$$

注意到, $\mathfrak{q}/(a_1, \cdots, a_r) \in \operatorname{Ass}_{R/(a_1,\cdots,a_r)}(R/(a_1, \cdots, a_r))$. 由命题 6.4 得

$$\operatorname{depth}(R/(a_1, \cdots, a_r)) \leqslant \dim(R/\mathfrak{q}).$$

所以,

$$\operatorname{depth}(R) \leqslant \operatorname{depth}(\mathfrak{p}) + \dim(R/\mathfrak{q}) \leqslant \operatorname{depth}(\mathfrak{p}) + \dim(R/\mathfrak{p}).$$

5. 由于 $\dim(R_\mathfrak{m}) = n$, 又 $R_\mathfrak{m}$ 的极大理想可以由 n 元素

$$\frac{X_1}{1}, \cdots, \frac{X_n}{1}$$

生成, 所以, $R_\mathfrak{m}$ 是一个正则局部环.

6. 假设 $(R, \mathfrak{m}, k)$ 是一个正则局部环, 令 $\dim(R) = d$. 设 $a_1, \cdots, a_d$ 是 R 的一个正则参数系, 则由定理 6.8, $\mathcal{G}_\mathfrak{m}(R) \cong k[X_1, \cdots, X_d]$, 即得 $\ell(\mathfrak{m}^n/\mathfrak{m}^{n+1}) = \binom{n+d-1}{d-1}$, 从而

$$\ell(R/\mathfrak{m}^n) = \binom{n+d}{d}.$$

由此即得, $e(R) = 1$.

7. 令 $\dim(R) = d$, 则可以逐个选取 $a_{r+1}, \cdots, a_d \in \mathfrak{m}$ 使得 $\operatorname{ht}((a_1, \cdots, a_d)) = d$, 从而 $a_1, \cdots, a_d$ 是 R 的一个参数系, 则由命题 6.6, $a_1, \cdots, a_d$ 构成 R 正则序列, 因而 $a_1, \cdots, a_r$ 是一个 R 正则序列, 则 $R/(a_1, \cdots, a_r)$ 也是一个 Cohen-Macaulay 局部环. 于是, 由命题 6.4 即得, 对任意 $\mathfrak{p} \in \operatorname{Ass}_R(R/I)$, 都有 $\operatorname{ht}(\mathfrak{p}) = \operatorname{ht}(I)$.

8. (1) (S_1) 成立当且仅当, 若 $\operatorname{ht}(\mathfrak{p}) > 0$, 则 $\operatorname{depth}(A_\mathfrak{p}) > 0$, 即, 非极小的素理想中都含有正则元. 这等价于, 零理想没有嵌入素理想.

(2) A 是 Cohen-Macaulay 环当且仅当, 对所有素理想 $\mathfrak{p}$, 都有 $\operatorname{depth}(A_\mathfrak{p}) = \operatorname{ht}(\mathfrak{p})$, 即, 所有 (S_k) 都成立.

9. 根据定理 4.6 的证明部分, $\dim(A[X]_{\mathfrak{p}}) \leqslant \dim(A)+1$, 且当 $\mathfrak{p}=\mathfrak{m}[X]$ 时, $\dim(A[X]_{\mathfrak{p}})=\dim(A[X])$; 当 $\mathfrak{p}=\mathfrak{m}+(f)(f$ 是一个首项系数为 1 的不可约多项式) 时, $\dim(A[X]_{\mathfrak{p}})=\dim(A[X])+1$. 根据假设, $\mathfrak{m}$ 可以由 $\dim(A)$ 个元素生成, 于是 $\mathfrak{p}$ 总是可以 $\dim(A[X]_{\mathfrak{p}})$ 个元素生成. 所以, $A[X]_{\mathfrak{p}}$ 是正则环.

10. 令 $\overline{R}=R/(f)$, $\overline{\mathfrak{m}}=\mathfrak{m}/(f)$, 则 $\ell(\overline{R}/\overline{\mathfrak{m}}^n)=\ell(R/(\mathfrak{m}^n+(f)))$.

注意到, 对充分大的 n, $\mathfrak{m}^n:f=\mathfrak{m}^{n-\nu(f)}$. 这是因为, 若 $g\in\mathfrak{m}^n:f$, 则 $fg\in\mathfrak{m}^n$. 由于 $\mathcal{G}_{\mathfrak{m}}(R)\cong k[X_1,\cdots,X_d]$ 是整环, 所以, 作为 $\mathcal{G}_{\mathfrak{m}}(R)$ 中元素, 我们有 $f^*g^*=(fg)^*\neq 0$. 而 $f^*g^*=fg+\mathfrak{m}^{\nu(f)+\nu(g)+1}$, 所以必有 $\nu(f)+\nu(g)+1\geqslant n+1$, 即得 $g\in\mathfrak{m}^{n-\nu(f)}$.

我们有短正合列

$$0\to R/\mathfrak{m}^{n-\nu(f)}\xrightarrow{f}R/\mathfrak{m}^n\to R/(\mathfrak{m}^n+(f))\to 0,$$

则有

$$\begin{aligned}\ell(\overline{R}/\overline{\mathfrak{m}}^n)&=\ell(R/\mathfrak{m}^n)-\ell(R/\mathfrak{m}^{n-\nu(f)})\\&=\binom{n+d}{d}-\binom{n+d-\nu(f)}{d}\\&=\binom{n+d-1}{d-1}+\binom{n+d-2}{d-1}+\cdots+\binom{n+d-\nu(f)}{d-1}\\&=\frac{\nu(f)}{(d-1)!}n^{d-1}+\text{低次项}.\end{aligned}$$

所以,$e(\overline{R})=\nu(f)$.

11. 由习题 3, $a_1,\cdots,a_d$ 的任意排列都是一个 R 正则序列. 令 $a_i^*=a_i+I^2$, $i=1,\cdots,d$, 则 $\mathcal{G}_I(R)=(R/I)[a_1^*,\cdots,a_d^*]$. 令

$$\begin{aligned}\phi:\quad (R/I)[X_1,\cdots,X_d]&\to \mathcal{G}_I(R)\\ f(X_1,\cdots,X_d)&\mapsto f(a_1^*,\cdots,a_d^*).\end{aligned}$$

则 ϕ 是一个保持次数的环满同态. 我们来证明 ϕ 也是单的, 只需证明: 若 $f(X_1,\cdots,X_d)$ 是一个齐次多项式使得 $f(a_1^*,\cdots,a_d^*)=0$, 则 $f(X_1,\cdots,X_d)=0$. 由于

$$(R/I)[X_1,\cdots,X_d]=R[X_1,\cdots,X_d]/I[X_1,\cdots,X_d],$$

$(R/I)[X_1,\cdots,X_d]$ 中的每个 n 次齐次多项式都可以表示成 $f(X_1,\cdots,X_d)+I[X_1,\cdots,X_d]$ (其中 $f(X_1,\cdots,X_d)$ 是 $R[X_1,\cdots,X_d]$ 中的 n 次齐次多项式), 记这个元素为 $\overline{f}(X_1,\cdots,X_d)$, 又 $\overline{f}(a_1^*,\cdots,a_d^*)=f(a_1,\cdots,a_d)+I^{n+1}$, $\overline{f}(X_1,\cdots,X_d)=0$ 当且仅当 $f(X_1,\cdots,X_d)\in I[X_1,\cdots,X_d]$. 所以, 等价地, 我们只需证明: 若 $f(X_1,\cdots,X_d)$ 是

$R[X_1,\cdots,X_d]$ 中的 n 次齐次多项式使得 $f(a_1,\cdots,a_d)\in I^{n+1}$, 则 $f(X_1,\cdots,X_d)\in I[X_1,\cdots,X_d]$. 进一步地, $f(a_1,\cdots,a_d)\in I^{n+1}$ 等价于存在 $I[X_1,\cdots,X_d]$ 中的 n 次齐次多项式 $g(X_1,\cdots,X_d)$ 使得 $f(a_1,\cdots,a_d)=g(a_1,\cdots,a_d)$, 又 $f(X_1,\cdots,X_d)\in I[X_1,\cdots,X_d]$ 当且仅当 $f(X_1,\cdots,X_d)-g(X_1,\cdots,X_d)\in I[X_1,\cdots,X_d]$, 所以, 我们等价地只需证明: 若 $f(X_1,\cdots,X_d)$ 是 $R[X_1,\cdots,X_d]$ 中的 n 次齐次多项式使得 $f(a_1,\cdots,a_d)=0$, 则 $f(X_1,\cdots,X_d)\in I[X_1,\cdots,X_d]$.

对 d 用归纳法. 当 $d=1$ 时, 设 $f(X_1)=\alpha X_1^n$ 使得 $f(a_1)=0$, 则显然有 $f(X_1)=0$, 结论成立.

假设 $d>1$ 且结论对 $d-1$ 成立, 即, 若 $g(X_1,\cdots,X_{d-1})$ 是 n 次齐次多项式使得 $g(a_1,\cdots,a_{d-1})=0$ 或者 $g(a_1,\cdots,a_{d-1})\in(a_1,\cdots,a_{d-1})^{n+1}$, 则 $g(X_1,\cdots,X_{d-1})$ 的系数都在 $(a_1,\cdots,a_{d-1})$ 之中.

设 $f(X_1,\cdots,X_d)\in R[X_1,\cdots,X_d]$ 是 d 个不定元的 n 次齐次多项式使得 $f(a_1,\cdots,a_d)=0$. 我们对 n 用归纳法来证明 $f(X_1,\cdots,X_d)\in I[X_1,\cdots,X_d]$. 当 $n=1$ 时, $f(X_1,\cdots,X_d)=\alpha_1X_1+\cdots+\alpha_dX_d$. 则由 $f(a_1,\cdots,a_d)=0$ 得 $\alpha_1a_1+\cdots+\alpha_da_d=0$, 于是

$$\begin{aligned}\alpha_i&\in(a_1,\cdots,a_{i-1},a_{i+1},\cdots,a_d):a_i\\&=(a_1,\cdots,a_{i-1},a_{i+1},\cdots,a_d)\\&\subseteq I,\end{aligned}$$

结论成立. 再假设 $n>1$. 令

$$f(X_1,\cdots,X_d)=f_1(X_1,\cdots,X_{d-1})+X_df_2(X_1,\cdots,X_d),$$

其中, f_1 是关于 $X_1,\cdots,X_{d-1}$ 的 n 次齐次多项式, f_2 是关于 $X_1,\cdots,X_d$ 的 $n-1$ 次齐次多项式. 则由 $f(a_1,\cdots,a_d)=0$ 得 $f_2(a_1,\cdots,a_d)\in(a_1,\cdots,a_{d-1})^n:a_d$.

我们断言: $(a_1,\cdots,a_{d-1})^n:a_d=(a_1,\cdots,a_{d-1})^n$. 对 n 用归纳法, $n=1$ 的情形就是正则序列的定义. 再假设 $n>1$, 若 $\alpha\in(a_1,\cdots,a_{d-1})^n:a_d\subseteq(a_1,\cdots,a_{d-1})^{n-1}:a_d=(a_1,\cdots,a_{d-1})^{n-1}$ (这里用了对 n 的归纳假设), 则有次数为 $n-1$ 的齐次多项式 $g(X_1,\cdots,X_{d-1})$ 使得 $\alpha=g(a_1,\cdots,a_{d-1})$, 从而有次数为 $n-1$ 的齐次多项式 $a_dg(X_1,\cdots,X_{d-1})$ 使得 $a_dg(a_1,\cdots,a_{d-1})\in(a_1,\cdots,a_{d-1})^n$. 引用上面的关于 d 的归纳假设得 $a_dg(X_1,\cdots,x_{d-1})\in(a_1,\cdots,a_{d-1})[X_1,\cdots,X_{d-1}]$, 即 $g(X_1,\cdots,X_{d-1})$ 的系数都在 $(a_1,\cdots,a_{d-1}):a_d$ 之中, 而 $(a_1,\cdots,a_{d-1}):a_d=(a_1,\cdots,a_{d-1})$, 所以 $g(X_1,\cdots,X_{d-1})$ 的系数都在 $(a_1,\cdots,a_{d-1})$ 之中. 因而 $\alpha\in(a_1,\cdots,a_{d-1})^n$, 断言得证.

于是, 我们有 $f_2(a_1,\cdots,a_d)\in(a_1,\cdots,a_{d-1})^n\subseteq I^n$. 因 f_2 的次数为 $n-1$, 应用对 n 的归纳假设得 $f_2(X_1,\cdots,X_d)\in I[X_1,\cdots,X_d]$. 再由 $f_2(a_1,\cdots,a_d)\in$

$(a_1, \cdots, a_{d-1})^n$ 知 $f_2(a_1, \cdots, a_d) = g_2(a_1, \cdots, a_{d-1})$, 其中 $g_2(X_1, \cdots, X_{d-1})$ 是一个关于 $X_1, \cdots, X_{d-1}$ 的次数为 n 的齐次多项式. 令

$$h(X_1, \cdots, X_{d-1}) = f_1(X_1, \cdots, X_{d-1}) + a_d g_2(X_1, \cdots, X_{d-1}),$$

则 $h(X_1, \cdots, X_{d-1})$ 是一个 n 次齐次多项式且 $h(a_1, \cdots, a_{d-1}) = f(a_1, \cdots, a_d) = 0$. 于是, 根据对 d 的归纳假设得 $h(X_1, \cdots, X_{d-1}) \in I[X_1, \cdots, X_{d-1}]$, 从而, $f_1(X_1, \cdots, X_{d-1}) \in I[X_1, \cdots, X_{d-1}]$. 所以, $f(X_1, \cdots, X_d) \in I[X_1, \cdots, X_d]$. 得证.

第 7 章

1. 令 K 是 A 的商域, 则 $K(X)$ 是 $A[X]$ 的商域. 假设 $u \in K(X)$ 在 $A[X]$ 上是整的, 则 u 在 $K[X]$ 上也是整的. 而 $K[X]$ 在 $K(X)$ 中是整闭的, 所以 $u \in K[X]$. 令

$$u = \alpha_n X^n + \alpha_{n-1} X^{n-1} + \cdots + \alpha_0, \quad \alpha_n \neq 0, \quad \alpha_i \in K.$$

因 u 在 $A[X]$ 上整, 所以, 存在 $f(X) = b_s X^s + b_{s-1} X^{s-1} + \cdots + b_0 \in A[X]$ 使得 $fu^m \in A[X]$ 对所有 $m > 0$ 都成立. 于是 $b_s \alpha_n^m \in A$ 对所有 $m > 0$ 都成立, 故 α_n 在 A 上整, 从而 $\alpha_n \in A$. 由于 $u - \alpha_n X^n = \alpha_{n-1} X^{n-1} + \cdots + \alpha_0$ 也在 $A[X]$ 上整, 类似的可得 $\alpha_{n-1} \in A$, 即得 $u \in A[X]$.

2. 设 A 是一个 Noether 的正规环. 先证 A 满足 (R_1). 设 $\mathfrak{p}$ 是 A 的一个素理想, 若 $\mathrm{ht}(\mathfrak{p}) = 0$, 则 $\mathfrak{p} = 0$, 此时 $A_{\mathfrak{p}}$ 是域, 当然是正则环; 若 $\mathrm{ht}(\mathfrak{p}) = 1$, 则由定理 7.4, $A_{\mathfrak{p}}$ 是正则环. 所以, A 满足 (R_1).

再证 A 满足 (S_2). 由于 A 是整环, 所以, A 的非零元都是正则元, 故, 若 $\mathfrak{p} \neq 0$, 则 $\mathrm{depth}(A_{\mathfrak{p}}) > 0$; 再假设 $\mathrm{ht}(\mathfrak{p}) \geqslant 2$, 我们来证明 $\mathrm{depth}(A_{\mathfrak{p}}) \geqslant 2$.

任取 $f \neq 0 \in \mathfrak{p}$, 为证明 $\mathrm{depth}(A_{\mathfrak{p}}) \geqslant 2$, 只需证明, 存在 $g \in \mathfrak{p}$ 使得 f, g 是正则序列, 为此只需证明 $\mathfrak{p} \notin \mathrm{Ass}_A(A/fA)$. 由于 $\mathrm{ht}(\mathfrak{p}) \geqslant 2$, 所以, $\mathfrak{p}$ 不是包含 fA 的极小素理想, 从而, 我们只需证明 fA 没有嵌入素理想即可, 即, 若 $\mathfrak{q} \in \mathrm{Ass}_A(A/fA)$, 则 $\mathrm{ht}(\mathfrak{q}) = 1$.

在 $\mathfrak{q}$ 局部化后, 不妨设 $(A, \mathfrak{q})$ 是一个局部环. 令 A 的商域为 K, $\mathfrak{q}^{-1} = \{a \in K \mid a\mathfrak{q} \subseteq A\}$. 则 $A \subseteq \mathfrak{q}^{-1}$, $\mathfrak{q}\mathfrak{q}^{-1} \subseteq A$. 令 $a \in A$ 使得 $fA :_A a = \mathfrak{q}$, 则 $f^{-1}a \in \mathfrak{q}^{-1} \setminus A$. 注意到, $f^{-1}a\mathfrak{q}$ 是 A 的一个理想. 若 $f^{-1}a\mathfrak{q} \subseteq \mathfrak{q}$, 则类似于定理 7.1 的 $(3) \Rightarrow (1)$ 的证明部分知, $f^{-1}a$ 在 A 上必是整的, 而 A 是正规的, 所以, 必有 $f^{-1}a \in A$, 矛盾, 因而, $f^{-1}a\mathfrak{q} = A$, 于是, $\mathfrak{q}\mathfrak{q}^{-1} = A$. 由于 $\mathfrak{q} \neq \mathfrak{q}^2$(否则 $\mathfrak{q} = \cap_{n>0}\mathfrak{q}^n = 0$), 任取 $b \in \mathfrak{q} \setminus \mathfrak{q}^2$, 则 $b\mathfrak{q}^{-1} \subseteq A$ 是 A 的理想. 然而, $b\mathfrak{q}^{-1} \not\subseteq \mathfrak{q}$, 否则 $bA = b\mathfrak{q}^{-1}\mathfrak{q} \subseteq \mathfrak{q}^2$ 与 b 的选取矛盾. 所以, $b\mathfrak{q}^{-1} = A$, 于是, $bA = b\mathfrak{q}^{-1}\mathfrak{q} = \mathfrak{q}$, 从而 $\mathfrak{q}$ 是主理想, 故, $\mathrm{ht}(\mathfrak{q}) = 1$. 得证.

3. α 在环 $R(I)$ 上整当且仅当存在 $R(I)$ 上的首项系数为 1 的多项式 $f(X)$ 使得 $f(\alpha) = 0$. 因 α 是次数为 1 的齐次元, 把 $f(X)$ 的系数都表示成齐次元的和, 再按次

数归类, 我们不妨假设 $f(X) = X^n + a_1X^{n-1} + \cdots + a_n$, 其中, a_i 是 $R(I)$ 中的齐次元. 则必有 $a_i \in I^i$, 即 α 在 I 上整.

第 8 章

1. (1) 由于 $G(I) \cup G(J)$ 生成了 $I + J$; (2) 由于 $G(I)G(J)$ 生成了 IJ.

2. 令 $S = \{\mathrm{lcm}(u, v) \mid u \in G(I), v \in G(J)\}$, 则 $S \subseteq I \cap J$. 又若 $w \in I \cap J$ 是单项式, 则存在 $u \in G(I)$, $v \in G(J)$ 使得 $u \mid w$, $v \mid w$, 从而, $\mathrm{lcm}(u, v) \mid w$. 所以, S 生成了 $I \cap J$.

3. 设多项式 $f \in I : J$, 将 f 表示成单项式的和的形式: $f = f_1 + \cdots + f_r$. 则 $f \in I : J$ 当且仅当, 对任意单项式 $u \in J$, 都有 $uf \in I$, 而后者等价于, $uf_i \in I$, $i = 1, \cdots, r$, 即, $f_i \in I : J$, $i = 1, \cdots, r$. 所以, $I : J$ 是单项式理想.

令 $G(J) = \{v_1, \cdots, v_s\}$, 则 $I : J = I : (v_1, \cdots, v_s) = \cap_{i=1}^s (I : v_i)$. 对 $v \in G(J)$, 再令 $G(I) = \{u_1, \cdots, u_t\}$, 则单项式 $w \in I : v$ 当且仅当存在某个 i 使得 $u_i \mid wv$, 这等价于 $\dfrac{u_i}{\gcd(u_i, v)} \mid w$. 所以, 集合 $\left\{\dfrac{u}{\gcd(u, v)} \mid u \in G(I)\right\}$ 生成了 $I : v$.

4. 设 $u_1, \cdots, u_r, u_{r+1}$ 是一个单项式序列, 则由习题 3 有

$$(u_1, \cdots, u_r) : u_{r+1} = \left(\frac{u_1}{\gcd(u_1, u_{r+1})}, \cdots, \frac{u_r}{\gcd(u_r, u_{r+1})}\right).$$

所以, $(u_1, \cdots, u_r) : u_{r+1} = (u_1, \cdots, u_r)$ 当且仅当 u_{r+1} 与 $u_1, \cdots, u_r$ 没有公共的不定元. 由此即得结论.

5. 设多项式 $f \in \sqrt{I}$, 将 f 表示成单项式的和的形式: $f = f_1 + \cdots + f_r$. 由 $f \in \sqrt{I}$ 知, 存在 s 使得 $f^s \in I$, 而 $f^s = f_1^s + \cdots$ 且 I 是单项式理想, 所以, 必有 $f_1^s \in I$, 故, $f_1 \in \sqrt{I}$. 于是, $f_2 + \cdots + f_r = f - f_1 \in \sqrt{I}$. 类似地有 $f_2, \cdots, f_r \in \sqrt{I}$. 所以, $\sqrt{I}$ 是一个单项式理想.

令 $T = \{\sqrt{u} \mid u \in G(I)\}$. 注意到, 对任意 $u \in G(I)$, 由于 $u \mid (\sqrt{u})^{\deg(u)}$, 所以, $\sqrt{u} \in \sqrt{I}$, 于是 $T \subseteq \sqrt{I}$. 又若单项式 $w \in \sqrt{I}$, 则有某个 $u \in G(I)$ 及 t 使得 $u \mid w^t$, 由此即得 $\sqrt{u} \mid w$. 所以, T 生成了 $\sqrt{I}$.

6. 若 u 是一个无平方的单项式, 则 $\sqrt{u} = u$. 所以, 若 I 是无平方的, 则由上题, 即得 $I = \sqrt{I}$. 反过来, 假设 $I = \sqrt{I}$, 设 $u \in G(I)$, 则 $\sqrt{u} \in I$, 从而, 存在某个 $v \in G(I)$ 使得 $v \mid \sqrt{u}$, 于是, $v \mid u$, 故, $u = v$. 则必有 $u = \sqrt{u}$, u 是无平方的. 所以, I 是无平方的.

7. 注意到, $G \in \Delta^\vee$ 当且仅当 $[n] \setminus G \notin \Delta$. 若 $F \subseteq G \in \Delta^\vee$, 则 $[n] \setminus F \supseteq [n] \setminus G$, 故必有 $[n] \setminus F \notin \Delta$, 即, $F \in \Delta^\vee$. 所以, $\Delta^\vee$ 是一个单纯复形. 而 $(\Delta^\vee)^\vee = \Delta$ 是因为, $G \in (\Delta^\vee)^\vee$ 当且仅当 $[n] \setminus G \notin \Delta^\vee$, 这又等价于, $[n] \setminus ([n] \setminus G) \in \Delta$, 即, $G \in \Delta$.

8. 这是因为

$$
\begin{aligned}
I(C_3) &= (X_1X_2, X_2X_3, X_3X_1) \\
&= (X_1, X_2) \cap (X_1, X_3) \cap (X_2, X_3), \\
I(C_4) &= (X_1X_2, X_2X_3, X_3X_4, X_4X_1) \\
&= (X_1, X_3) \cap (X_2, X_4), \\
I(C_5) &= (X_1X_2, X_2X_3, X_3X_4, X_4X_5, X_5X_1) \\
&= (X_1, X_2, X_4) \cap (X_1, X_3, X_4) \cap (X_1, X_3, X_5) \cap (X_2, X_3, X_5) \cap (X_2, X_4, X_5), \\
I(C_6) &= (X_1X_2, X_2X_3, X_3X_4, X_4X_5, X_5X_6, X_6X_1) \\
&= (X_1, X_3, X_5) \cap (X_2, X_4, X_6) \cap (X_1, X_2, X_4, X_5) \\
&\quad \cap (X_1, X_3, X_4, X_6) \cap (X_2, X_3, X_5, X_6), \\
I(C_7) &= (X_1X_2, X_2X_3, X_3X_4, X_4X_5, X_5X_6, X_6X_7, X_7X_1) \\
&= (X_1, X_2, X_4, X_6) \cap (X_1, X_3, X_4, X_6) \cap (X_1, X_3, X_5, X_6) \cap (X_1, X_3, X_5, X_7) \\
&\quad \cap (X_2, X_3, X_5, X_7) \cap (X_2, X_4, X_5, X_7) \cap (X_1, X_3, X_6, X_7) \cap (X_2, X_4, X_6, X_7).
\end{aligned}
$$

参 考 文 献

[1] 唐忠明. 抽象代数基础. 2 版. 北京: 高等教育出版社, 2012.

[2] Atiyah M F, MacDonald I G. Introduction to Commutative Algebra. Reading: Addison-Wesley, 1969.

[3] Eisenbud D. Commutative Algebra with a View toward Algebraic Geometry. New York: Springer-Verlag, 1995.

[4] Hartshorne R. Algebraic Geometry. New York: Springer-Verlag, 1977.

[5] Matsumura H. Commutative Algebra. New York: W.A.Benjamin, 1970.

[6] Matsumura H. Commutative Ring Theory. Cambridge: Cambridge University Press, 1986.

[7] Stanley R P. Combinatorics and Commutative Algebra. 2nd ed. Birkhauser, 1996.

[8] Villarreal R H. Monomial Algebras. New York: Marcel Dekker, Inc. 2001.

[9] Zariski O, Samuel P. Commutative Algebra. Vol. Ⅰ. Van Nostrand, 1958.